復刻・シリーズ
1960／70年代の住民運動

わが存在の底点から

富士公害と私

甲田寿彦

創土社

総目次

旧版目次……5
空と海……甲田喜代 291
『わが存在の底点から』再読……芦川照江（小川アンナ） 294

わが存在の底点から・目次

I——ヘドロの海

独占へ挑戦した部落風土——13
踏絵の春——37
議場乱入——51
痴漢の論理——58
「革新」誕生——70
一九七〇年夏——75
住民運動は〝憲法〟を恨む——93
羊頭狗肉の秋——105
駿河湾漁幻記——118

II——蛙声通信

群蛙斉鳴——144
赤い海——146
公害と医師についての素朴な疑問——153
駿河湾糞尿譚——160
君、「がまんしろ」というなかれ——170

身ノ皮ヲ剝ガレテモ――178
駿河湾叛乱す――181
子蛙斉鳴――187
鉢巻きと冠――196
ヘドロ不始末記――201
駿河湾を囲みこんだ「万里の長城」――230

Ⅲ―土民土語

このしたたかな笑い――240
忍草の女たち――250
裁きはまだ終らない――263
病める燧灘のほとりにて――272
工場閉鎖の損益勘定といごっそうの住民運動――278
あとがき――285

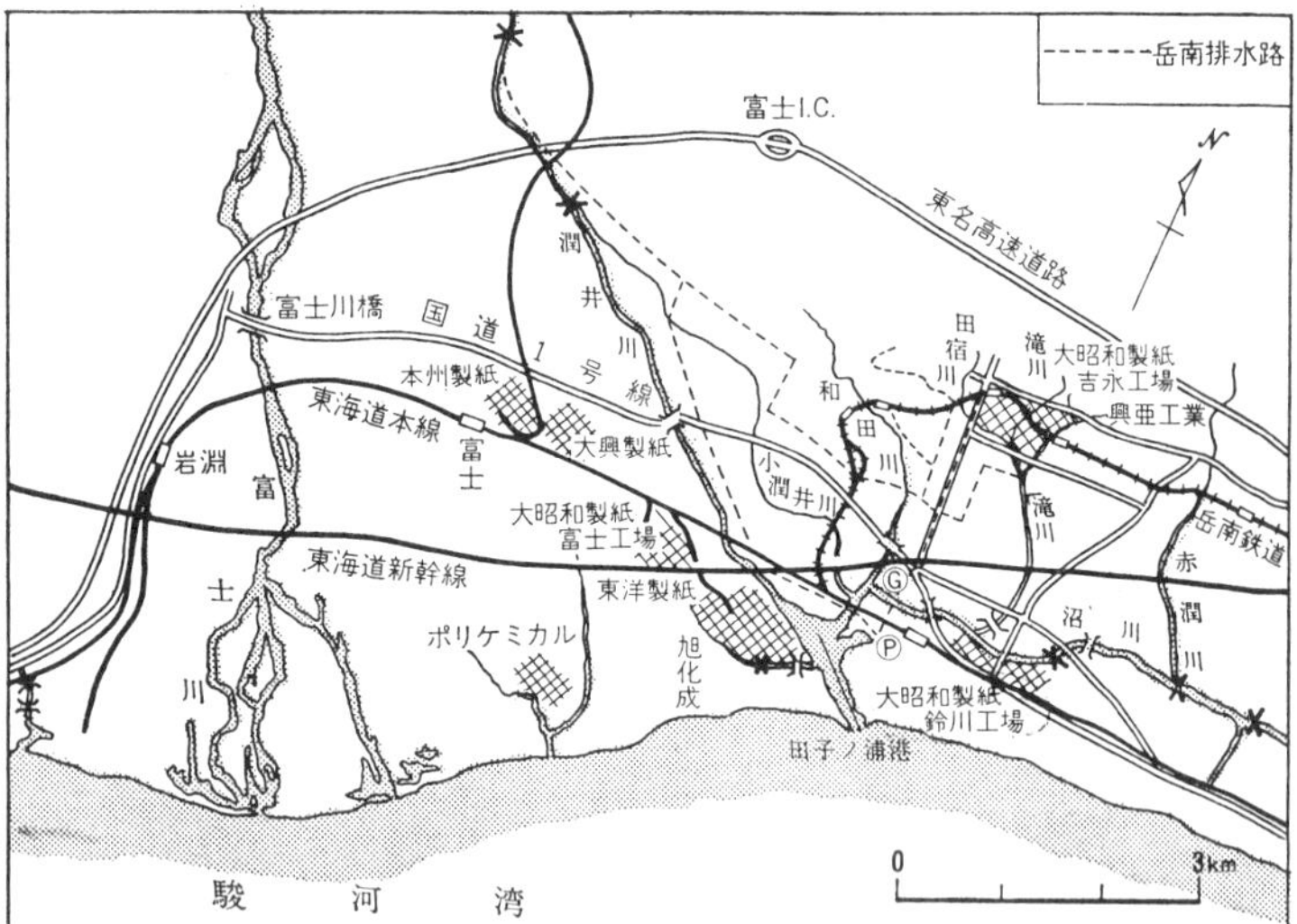

岳南排水路
富士I.C.
東名高速道路
潤
井
川
富士川橋
国道1号線
本州製紙
大興製紙
東海道本線
富士
岩淵
富
士
川
大昭和製紙
富士工場
東海道新幹線
東洋製紙
ポリケミカル
旭化成
田子ノ浦港
小潤井川
和田川
田宿川
滝川
大昭和製紙
吉永工場
興亜工業
岳南鉄道
赤潤川
沼川
大昭和製紙
鈴川工場
0
3km
駿河湾

富士市全図

わが存在の底点から

富士公害と私

「海洋ノ大ナルコト沿岸幾百万ノ漁民ハ之ニ由リテ其生活ヲ維持スルヲ得、天下幾千万民が其食饌ニ甘味ヲ供スルヲ得ル者亦之ニ依ラントス。而シテ年ニ豊アリ歳ニ凶アリト雖トモ、鱗族ノ去来ハ時ニ於テ環游シ来ルアリ、苔藻ノ繁茂ハ季ニ於テ枯生スルアリテ、漁師ガ春夏秋冬周年ノ間、彼レヲ採ラサレハ是ヲ捕ヘ、此ヲ漁セサレハ彼ヲ猟シ、以テ大ニ吾人人類ガ社会ヲ裨益スルアラントス。嗚呼海洋ノ富贍《フセン》ナルコト夫レ偉大ナルニアラズヤ」

——明治二七年発行『静岡県水産誌』序——

I——ヘドロの海

「クラフトパルプ製造が着々進行している最中（昭和一四年三月）に、県の工場課から突然不許可、運転中止の指令がきた。クラフトパルプ製造にともなって発散される臭気ははげしいから、東海道沿線に行幸啓がある場合などには不敬だというのである。あとで判ったが、これは某社の者が県に密告したのであった。そこで大昭和側からは、スウェーデン特許の脱臭装置が施してあるからその懸念は無用である。なおその他詳細にもっともらしい説明をつけて、やっと許可をうけることができた」

――大昭和製紙株式会社発行『斉藤知一郎伝』――

それから三一年九ヵ月が過ぎた。昭和四六年一一月一一日、大昭和製紙株式会社鈴川工場長南正樹氏は「臭気防止対策について」富士市長宛に報告書を出した。

「クラフトパルプ製造の際発生する臭気ガスは、いずれも閾値《しきいち》が低く、完全無臭化は非常に困難である。しかし、前記（略）の対策がとられたそれぞれの発生臭気ガスに関しては、燃焼除去方式のため無臭化され、周辺地域の臭気減少効果は大きいものと予測される」

と述べた。

独占に挑戦した部落《むら》風土

五月一五日の朝（一九六八年）、大昭和製紙鈴川工場で吹きあげたチップの粉塵が、私の部落《むら》をおおった。朝の陽を受けて、きらきら光る微粒子が、木材特有の臭気を漂わせて、自然の異変のように舞いおちて来たのである。眼がぴりぴりと痛み、屋根も木もまたたく間に変色した。こんなことにしばしば馴らされて来た部落の人も、この朝は眼をこすりこすりしながらきびしい表情に変った。ここしばらくなかったことである。騒音は依然、昼夜の区別なくまき散らされている。しかしチップの飛散と、芒硝と悪臭ガスの流れはやや下火になっていた。

私たちは、三月一二日、会社とのながいながい交渉のはてに、ペイントの塗装を中心とした物件補償の一部と、発生源の撲滅についての確認書を取りかわすことが出来た。発生源については、いつまでにどんな防止装置を取りつけるかを明らかにし、会社はその効果を私たち住民に実証することになっている。

チップの飛散と、芒硝、悪臭ガスの流れがやや下火になったのは、しかしこのためではなかった。

季節風が南に変り、部落の上に舞いこむ頻度が少なくなったに過ぎない。夏場だからといって、風がいつも南から吹くというわけではない。夜になると陸風が海岸へ向かって吹き、局地的には乱気流も起る。露天での山積み作業がやまない限りは、チップの粉は飛んで来る。発生源がとまらない限りは、芒硝も悪臭も襲って来る。そして忘れかけようとする憤怒と憎悪をよび覚ましてくれるのだ。

その日、小学校では北側の窓から教室の中までチップが吹きこんで来た。子供たちはチップ、チップとはやし立てた。「定時制」の市民である私は、こうした現場をおさえて抗議するいとまがなかった。

五月一八日の夜、一〇時を少しまわったころである。七号抄紙機の爆発的な騒音で私は裏庭へ出た。煌々と灯をともし、深夜作業に入った新工場の四本のベンチレーター（排気筒）は、水蒸気を出していない。神経をつきさすような金属音が悲鳴を上げて散らされていた。異臭が漂う。巨大な工場施設は、芒硝と煤煙で包みこまれ、煙突も連続蒸解釜もおぼろに見えるだけだった。

私は田上譲・管財部長の自宅へ電話した。田上さんは本社の公害窓口である。どこかユーモラスで、おどけたところがある。田上さんは、ものうげに受話器をとったようだ。

「かんべんしてください。いま、北海道の出張から帰って寝るところですから」

私はちょっとのことで人権の侵害者になるところだった。眠りを奪う者が最大の人権侵害者だと近頃は思いこまされている。私は工場次長の山村正昭さんに電話した。山村さんは鈴川工場の公害窓口である。

「山村さん、今夜はひどいぜ。参考のため、一緒に現場を見ませんか」

私はこんなふうに言った。

「え、行きましょう」

二つ返事で応じてくれた。

公害問題で大昭和製紙の鈴川工場と、私の部落今井本町との交渉は、今年の一月下旬から激しくなった。その公式の交渉場面で、私は山村さんの説明や発言を聞いて来た。ある時は、通勤の途中、工場で彼と話したこともある。そんな時、山村さんは技術者らしい誠実さをいつも私に示した。私というより今井公害対策委員会にたいしてである。

しかしその誠実さにはどうかするとためらいのようなものが揺曳していた。巨大なメカニズムにはめこまれた個人が、そこで良心的であろうとする時に示すあのためらいである。彼の誠実さはいまの場合希少価値である。しかし、住民と企業とが鋭く対決した時、企業体制に組みこまれた一技術者の良心はほとんど無力といってよいほどむなしいものである。それでも私は彼を現場検証の立会人にしなければならなかった。

旧富士市内に住む山村さんは、三〇分もすると自転車で私の家へ来た。自転車とは古風なものを引きだして来たものだときくと、「工場まで車を飛ばして来ました」と言った。それから私たちは異臭が立ちこめる工場の中を通りぬけて、沼川の土手へ出た。「工場の中」とはいうが、県道を抱えこんで工場が拡張されたのだから、「工場の中」を歩くかっこうになるのだ。

山村さんはもうもうたる煙と臭気と騒音の中で、ぼんやりかすんだ煙突や建物を指し、あれが何、これがどうと説明する。「いま白く見える煙はほとんど水蒸気です」と言った。水蒸気がこんなに臭いだろうか。いつも現場にいる山村さんと、そうでない私では嗅覚機能が違うのかも知れない。沼川は、工場が排出する廃液で夜目にも白い泡を湧き立たせていた。稲を枯らしたのがこの水だった。百姓の真似事をしていた遠い昔のある日のことが、急に私の心によみがえる。私たちは昨年の春増設された新工場へ入った。

山村さんは、素人の私に親切に説明してくれる。

「回収ボイラーのコットレルは、いま基礎工事に手をつけました。酸化装置のファンモーターの音は、確実に五ホンから七ホン小さくなっているはずです。カバーと消音のための配管を完了しましたから。ライムスレーカー（石炭の飛散防止設備）は大体終りましたので、いま改造前と比較して効果を確かめております。叩解機《こうかいき》室の幕の取りつけは、第一段階が終り、測定しましたら、五ホン減っておりました。ドライヤー排気ファンの共鳴音防止のためには、毛布を二重、三重に巻きつけました。多分音は減ったと思います。いまこの建物の屋上に太いパイプを転がしてありますが、あれはいつかお話しした排気ガイドで、一時取りつけましたが、ドライヤーの方がひどく乾いちゃって、ぐあいが悪いので取りはずしてあります。ロータリー・キルンといっても、お解りにならないでしょうが、旧工場のライムスレーカーの向う側にある青い煙突です。あそこの排気ガスの集塵装置も考えています。メーカーと回収保証値の責任限界点について折衝しています」

しかし、その時の私はそういう説明にあまり興味が湧かなかった。どんな装置をし、どんな手だてを講じようと、今私たち二人の前にある現実は動かし難いからである。

大昭和の鈴川工場は、昭和八年（一九三三）ここに建てられた。それから三十数年の間に慢性化しながら拡がり続けた公害が、私たちの生活を致命的に脅やかし始めたのは四一年の春からである。その時「未晒《みざらし》クラフトパルプ製造工場」の増設が始った。国鉄東海道線を境にして、工場は私たちの住宅地へにじり寄って来た。

「でっけえことを始めましたな」、部落の人は傍観的だった。私も無関心だった。しかし、「自分の屋敷の中へ何を建てようとおれの勝手だ」と成りあがり者が隣近所の迷惑を考えず、いかつい建築をやる時の口実が、この工場の進行の中に見られるようになった。

そうした一方的な言い分は、今日の日本では一〇〇％近く保証されている。隣近所は、せめて静かにやってくれないかと遠まきに傍観するだけだ。私たちの部落の人も、傍観者または無関心な気のい い隣人として馴らされていたのである。地元の請負業者中村組は、毎日何十本のパイプを埋立地にぶち込んだ。

大昭和に保証された気がねのいらない工事だ。市会議長の中村新吾さんもついている。長いパイプを打ちこみ始めると、波状的に襲う地響きがあたりの家の戸や障子をゆさぶった。西の方ではコンクリートの塊りが、ダイナマイトのハッパとともに家の中へ飛込んで来た。

私は抗議に出かけた。中村組のマークをつけたヘルメットがあわただしく動いている。「そうだなあ、あと二、三日のがまんずら」。親方らしい男が腕を組んでうそぶいた。

ひとたび大昭和の城塞へ入ると、あごのしゃくり方まで違って来る。私の両隣は大昭和に勤めている。軒下を掃除しているNさんのおかみさんに話しかけた。

「Nさん、ひどい響きだ。まるで地震だね」

「わしらん家じゃ、家の中のものが転げまわっていますよ」

しかし苦にしない顔つきだった。地震や雷には口出しできないといったあきらめである。

私はこの苦渋を、工事が終るまで日々かみしめることなく家を離れた。三保の近くの病院でしばらく療養をしなくてはならなかったからである。去年の秋帰ってみると、家の周りの風景はがらりと一変していた。巨大な建物とチップの山が、線路の向うに壁をなしてそびえていた。西風が吹きつのる冬が近づくと、異様な臭気、それに芒硝が毎日降下した。二四時間切れ目のない騒音は、家族の安眠を根こそぎに奪っていた。私の家は工場内に抱きこまれたかっこうになっていたのである。

私は市の開発課に騒音調査を要望した。四二年一二月二三日、測定機を県で借りて来た係員は、連続二四時間の測定をやった。深夜六五ホンから七〇ホンのぴくぴく動く指針を見つめながら、私は憤りで全身が包まれた。平均値六七ホン。

そんな日のことを思い出しながら、山村さんの技術的な説明を聞いていた私は、しかしもう一つのことを克明に思いだしていたのである。

私たちの部落二八五戸が、公害対策委員会を組織して、大昭和と交渉を持つようになったのは、私が騒音測定を市に依頼した頃である。もちろん、会社交渉は四一年の五月から部落の役員が精力的に繰りかえしていた。しかしらちはあかなかった。

工場長代理の石井鉄雄さんが、わが社の公害対策は世界的水準で、新設については公害防止第一主義です、と町内会に所信を述べたのは四二年の七月二七日である。しかし、都市対抗野球の応援で忙しいといってすっぽかし、芒硝による瓦の腐蝕調査を引受けても梨のつぶてだ。ペイントの塗装は、坪数があやしいといって流された。

哀願と懇請のたゆたいの中で、ようやく抗議の顔を上げた住民は、公害対策の組織をつくった。部落の役員一三人、一般住民を代表して一三人、私もその一人となって委員会活動に加わった。私は二、三の者と公害基本法を学習した。県の防止条例を検討した。条例の第四条二項に「特定施設の届出」の義務が記されている。その届出は、「公害の防止措置」を添付しなくてはならないことになっていた。私たちは大昭和の「世界的水準」の公害防止措置を知りたくなった。

もし石井工場長代理のいうことが空手形でないとするなら、この現実と届出とはどういう関係になるのか。その辺のかかわり方を明らかにすることは、この運動を進める一つのきめ手になる。そう私たちは話しあったものだ。大昭和の「特定施設の届出」書が私たちの手に入ったのは、私が夜の工場を山村さんと歩いた数日前のことである。それには「防止処置計画」が次のように記載されていた。

1 騒音対策
　騒音発生設備は殆んどない。
2 振動対策
　振動発生設備は殆んどない。
3 ガス蒸気対策
　連続蒸解装置であるためパルプのブローは連続的に少量宛行われ既にパルプはダイジェスター内で冷却一部洗滌の工程を経てくる。このため排出パルプは低温で排出されるので蒸気発生に伴うガスの発生は防止される。又酸化装置により黒液を酸化し臭気ガスの発生を防止する。
4 排水対策
　パルプの洗滌及び精撰工程はダイジェスター内で始まり最後の温水洗滌迄の工程は総て黒液で行われるので排水はポンプのシール水程度であって排水量は非常に少い。
5 煤煙対策
　ボイラー排ガスは電気集塵器により捕集し更に影響を少くするために高い煙突を利用し拡散

効果を高める。　　　　　　　　　　　　　（原文のまま）

これが世界的施設を誇る世界的水準の「公害防止処置」である。私たちは企業優先の悪法の上にのうのうとあぐらをかいている企業の姿を、まざまざと見せつけられたのである。

私は五月一八日の深夜、山村さんの誠実で詳しい説明を感謝した。しかし私の体に刻まれた痛みは癒すことはできない。山村さんは、政治と抱合わされた企業の、小さな一つの影法師に過ぎないのだ。私の部落に公害対策委員会ができたのは、大昭和の工場増設が誘発してくれたといってよい。しかし一〇年前にさかのぼって、会社と闘った農民の苦渋がなかったなら、はたしてこのような組織が生れたかどうか疑問である。

大昭和と今井とは親しい隣人のようであって、同時に互いに利害が反する最も近い他人である。あからさまに言えば、ちん入者だった大昭和は、初めから加害者の立場で現れ、土着の住民はいつも被害者の憤懣を持ちつづけて来た。

私の部落は、駿河湾の湾奥が、「田子の浦」または「吹上げの浜」と呼ばれる砂丘の北側にある。旧東海道はこの砂丘のつけ根に沿って東西に延び、国鉄吉原駅から東田子の浦駅までの約五キロの街道筋が旧元吉原村であった。今井は、この村の大字の一つである。半農半漁の静かな村であった。浮島沼から流れる沼川は、この区内で複雑に湾曲し、やがて滝川、和田川、潤井川を合わせて駿河湾に流れこむ。その川口が現在の田子の浦港である。

昭和六年、沼川の改修工事が始った。それは今井区内で湾曲した沼川を、滝川との合流点まで直線にする水路変更の工事である。当然沼川の湾曲部は埋めたてられることになった。その時、今井区はそこを利用して裏町をつくる計画を立てた。津波の惨害を経験した古老たちは、将来村が発展しても

大昭和製紙鈴川工場の大気汚染（小川忠博氏撮影）

砂丘地帯は住宅地にならないと予測したからである。

しかし、村は貧しかった。近隣の村々には自動車ポンプがあったというのに、この村には一五馬力のひき車のガソリンポンプが一台しかなかった。年に一度の郡下消防連合大演習でいつも惨めな思いをして来た消防団は、村会に陳情して自動車ポンプを入れることにした。村の財政は乏しい。ちょうどそこへ、大昭和製紙が鈴川工場を建設する話が持ちあがった。

誰が先に目を着けたかわからない。今井区で計画した裏町の予定地は、自動車ポンプ一台との交換条件で、大昭和に譲りわたされた。区は、村と大昭和のギセイにされたという感情が、今も古老たちの間に残っている。大昭和が、事業を拡張するとき、いつも小さい者がギセイにされて来た原点が、今井の場合においてはこれだったのである。

その頃の大昭和は、規模も小さく、工場公害らしいものがなかったかわり、貧しい村人に働く職場を与えてくれた。やがて昭和一四年パルプの製造を手がける頃から公害が現れた。貯木場の松からふ化した松くい虫は、砂丘一帯の防風林に飛びたち、黒松の新芽を食い荒した。この防除はかなり大がかりに行なわれたが、大昭和が松の原木を使用しなくなってから自然に減少した。

公害が直接影響して来たのは沼川の汚染である。沼川はこの地区の農民にとって、豊かな灌漑用水であった。鯉、ふな、うなぎ、そして上げ潮の時にはボラまで獲れた。しかし大昭和の排水は、醤油を流したようにこの川を染めた。苗が枯れる。農民は沼川からの揚水をやめた。滝川沿いに掘抜き井戸をつくった。これも会社の揚水が激しくなるにつれ、枯れ井戸になった。

農民は旧吉永村との村境に一五馬力のモーターを据え、吉永村の捨水を汲上げて耕地へ入れた。私も戦中から戦後にかけ、この地域で飯米百姓をやっていたので、水を奪われた農民の悲哀と苦しみをたっぷりなめたものである。既にその頃から、大気汚染がこれと並行して農民を苦しめていた。工場の操業が拡大されるにつれ、農作物の被害が眼に見えてきた。

昭和三二年夏の芒硝による被害はことにひどかった。いもや梨の葉が枯れ、陸稲の葉が丸まり始めたのである。そこへ大昭和の吉永工場へ塩素を運ぶ日通のトラックが、沼川橋のたもとで塩素ビンをこわした。通称「城之内《じょうのうち》」といわれる耕地一八町八反の稲が真赤に枯れた。「しかし稲はづないものだ」と、私の近くの萬治老は話す。「水をたっぷりかけ、追肥をやれば順々に後から葉《はっぱ》が出てくる。しかし、苗を仕立てる時やられたら手も足も出ない」

萬治老はその時、部農会の役員の一人だった。市（旧吉原市）の農産課にかけあって坪刈りをした。「公害だ」と認められ、被害額五〇万円の査定が出た。当時の市長金子彦太郎氏は、頑固一徹の地方政治家であったが、農民を愛した。しかし会社はその査定を拒んだ。

農民は悲憤をかみしめて秋の収穫を迎えた。例年は「お日待ち」といって、浮きたつ秋祭もわびしい空気に包まれた。氏神の高台に集まった農民は大昭和の工場群を見下しながら稲の不作を嘆いた。その話になると萬治老は熱気を帯びる。

「わたしは、全耕作者に通知を出した。欠席した者は無被害と認める、とな。そうしたらどうだ。百姓片手間に会社へ出ている衆まで集まった。出作《でさく》を入れて約一〇〇人、炊出しをやり、むしろ旗を立て、会社へおしかけることになった」

その時、今、私たち今井の公害対策委員長・松本義夫君も、若い農民の一人としてこの集会にかけつけていた。

「ぼくはただの百姓だったから、こみ入った話は覚えていないが、会社が五〇万の査定に応じなかったのです。そこでぼくら百姓は、公会堂にたむろして、まず代表を会社に送りだした。するとどうです。どこから持って来たのか、富陽軒の駅弁と酒とさしみが運ばれてきた。そんなものは突返せとぼくは叫んだ。業が煮えてたまらなかったのです。ところがSのじいさんが、ええじゃないか、持って来たものだ。もらっちまえ。そういって最初にぱくついたのです。百姓の浅ましさってこれをいうのでしょうね。炊出しまでしてあるのに、あっちからこっちから手が出る。ぼくは駅弁を投げつけて帰ってしまった」

松本君の悲憤は萬治老の怒りに通じる。

「あの時、突然市会議員のOが、社長と懇意だからといってやって来た。いつも同じことだ。今度も鈴川のHが、二八年来、社長の友人だといって動いているが、ああしたのはみんな会社の犬だ。いざという時にゃ、社員でも会社の代表でもないから、しっぽを巻いて身をかくすもんだ。わしらはOの申しいれを蹴った。すると会社は、三〇万で手を打ってくれと申しいれて来た。百姓って金に弱い。情けないもんだ。涙をのんで手を打った。解決までには一三ヵ月もかかった。会社交渉が打ちきられたのは、三三年一一月の二九日だったからな」

会社はこの一騒動が収まると工場に勤めている農家の子弟を集めた。「お前らは、この会社でめしを食っている。おやじや兄貴らが再び騒いだらどうなるかハラを決めておけ」と申しわたした。萬治老は、この時の農民抵抗は部落はじまって以来の出来事だったから、最後まで結束を崩さなかったなら、今の公害問題も起らなかったと慨嘆する。

昭和三二年の農民抵抗は、百姓一揆的に敗れ去った。しかし、完敗であったろうか。萬治老は、一〇年前の経験を背にしょって公害対策委員になった。あの時の若い農民だった松本君は委員長になった。大昭和が相手だという事態の中で、古い記憶が人々の心によみがえった。一揆から住民運動への伏流が漸く顕在化して来たのである。

私は身近の人たちと農民闘争を分析しあった。現に闘っている公害闘争と構造的にはひどく似ている。被害者意識が極限になった時、たち上がっている。会社が焦点をぼかして緩慢に応じて来るのも変らない。社長の友人という部外者が駆けまわるのも同じだ。切りくずしに金や権力が動く。会社丸抱えの意識から住民が脱けだしていないのも似ている。部落の人たちは一〇年経って、人権を主張できるまでに成長したのであろうか。私たちの前には悲観的な材料が山積されていた。

一月二八日、公害対策委員会は公害防止の看板を町内に立てた。

「公害は孫子の代まで敵である」

「市長さん顔を上げて空を見ろ」

子どもにも読める立看板が街道筋に立てられた。この時、あえて「市長さん」と呼びかけたのは、今の市長が大昭和の社長の実弟だったからである。それから間もなく、社長室長の植松哲男さんが私の家を訪ねて来た。勿論公害問題だった。「富久娘」の特級酒三本を置いて帰って行った。その翌々日、二月七日のことである。社長斉藤了英さんがやって来た。私は留守だった。何の用件か知らない私の娘は、「社長さん、産業が発展することはよいことですが、この公害では困ります」と話した。その夜、社長の私設秘書Hが、分厚い札束をふところにして私を訪ねてきた。翌日、私は娘と二人で「富久娘」三本をかつぎ、札束をにぎって大昭和鈴川工場へ出かけた。

二月を迎えて、私たちの反対運動も高まって来た。委員会はこの上げ潮に乗って住民への呼びかけを始めた。呼びかけの原案がつくられる。一月一九日のエンプラの佐世保入港問題から書出される。佐世保の市民が「ヤジ馬」でなく、一人ひとりが「主役」となったことが強調された。しかし「エンプラ」という言葉は萬治老のような老人には抵抗なく受入れられる半面、中年の委員の一部には、違和感として受取られた。こうした言葉と事実が、すらすらっと滲透できない不透性の土質を私は部落の根っこに感じたのである。

しかし、会社交渉は急がなくてはならない。部落の姿勢は成果の中でかたまって行く。その時私たちは補償主義にかたよることを警戒した。もちろん甚大な物件被害を受けているからには、補償は正当に要求する。それが住民の一致した希望であった。しかしそのことで問題がすりかえられたにがい経験があった。現にそのために分断されてしまった町内会を見ている。私たちは会社交渉の方針としてだけでなく、部落内対策の意味もあって補償主義から発生源主義へ重さをかけた。二月二〇日第一回の正式交渉が予定された。しかし寝込みを襲うように突然妨害者が現れて来るのはこうした場合である。

中村新吾さんは、この地区選出の議員である。大昭和の太いくびきにつながれた一人である。二〇日の交渉を前に彼は突然元吉原地区町内会連合会を扇動し、私たち今井区へ圧力をかけて来た。この動きをまっていた会社は、二〇日の会談を一方的に中止した。

　このような裏工作のあることを知らないばかりに、今夜は一つ和気あいあいに行こうじゃないかと、自信をもって集まっていた私たちは、青天のへきれきのようにこの知らせを受けとった。空気は一転して険悪なものに変った。工場側代表林次長と、本社側代表の田上管財部長を呼出した。田上さんは、「今私は今井との交渉で棚上げされていますから、今度の事態は何もわからないのです」と自嘲した。

　このことに刺戟されて、私たちの交渉はかえってテンポを早め、二四日公害防止についての確認書を取りかわすにいたったのである。

　しかし、それから半月近く会社は字句の修正を理由に調印を引きのばした。確認書が正式交換されたのは三月一二日のことである。確認書を手にした時「一〇年前のみじめさが思い出される」と萬治老がいった。

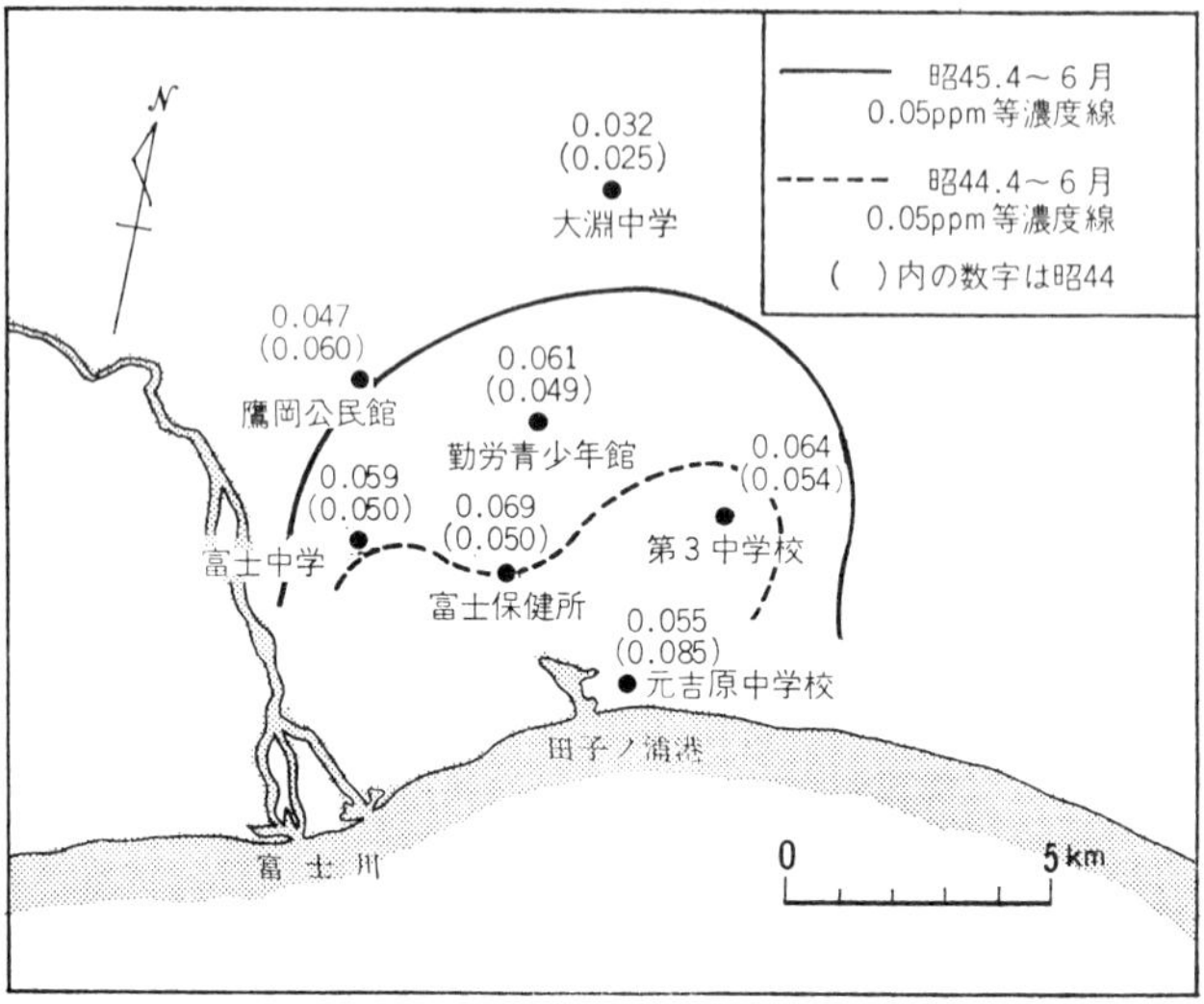

広域化する大気汚染〈数値は亜硫酸ガス一時間平均濃度（ｐｐｍ）〉

この時点で対策委員の中から精神的に、また事実上、脱落したものが数人出た。ある者は公然と立場を変えたといってもよい。その殆んどが会社と利害関係で結ばれていた。

私の地方には「名門」といわれた家が、旧村ごとに必ず一軒か二軒あった。そのほとんどが時代の波の中で消え、今そこにあるにしても名を残すのみといった状態である。しかし多くの人たちは今もOさん、Wさん、Dさんと敬愛の思いをこめて呼んでいる。

「農地解放の頃には、眼にあまる狼藉を働いた小作人もいた。そんな時でも、彼らは、『羅生門』に這い上って死人の髪の毛を抜いた老婆が、下人に言ったあの程度の弁解を忘れなかった。しかし、大昭和に対しては……」。こんな突飛な引きあいを出して、私の友人は大昭和とこの地方の関係を話す。

「旧家にも過ちはあったが、おおかた敬愛されて来たのは、彼らが村人のために献身することをいつも忘れなかったからだ。しかしこの地方の人間は、旧家にたいすると同じ尊敬を大昭和には向けない。うわべはお世辞を言っても、ハラの底では敵意を抱き、その上、さげすんでもいる。いざという場合、『羅生門』の老婆ほどの弁解もすまい。胸を叩いて本音を吐かせれば、市民も従業員も怖れさげすみながら、ゼニの面だけで利用しようとしているに過ぎない。そういう姿勢は、大昭和の先代が手本をもって示してくれた。ゼニをつかめ、ゼニをつかめ、ゼニをつかむには、人をだましおどして利用せよ。これが先代の人生哲学で、二代目がそれに抵抗したという話もある。しかし長男に生れた因果は、精神的な遺産まで受継がされたのだ」

大昭和に詳しい私の友人はそんなふうに分析する。しかし私は、もし先代の「生きる姿勢」をそのまま受継いだ者があるとするなら、それは「大昭和」という組織体であると思っている。

この地元の住民と大昭和との関係を具体的に示すものに寄付関係がある。大昭和ほど寄付をよくする会社はあまり見当らない。財力のゆとりとばかり言えないほど熱心である。私は大昭和があそこへ寄付した、何を寄付したという話を聞くと、世界中へ金をばらまいてなおかつ嫌われるアメリカを思い起す。

純粋な寄付は無償の行為である。四月の二〇日、三井金属神岡鉱業所は日赤富山支部を通してイタイイタイ病患者に一千万円を寄付した（『朝日新聞』四三年四月二一日付）。この寄付には「人道的立場」という会社の説明がついていた。そんな説明がつけばつくほど、公害を他にすりかえようとする偽装のにおいが漂って来る。公害に敏感な私たちの部落では、これはすぐ話題になった。

大昭和がよくやる手じゃないか。会社はどこも同じだ。しかし大昭和がおらにくれたのは一〇〇万円だったなあ。一〇〇万円というのは三年ほど前今井本町の公民館建築へ寄付した金のことである。

厳密にいうと、私の部落今井は、三つの町内会に分れている。私のところが「今井本町《ほんちょう》」（二八五戸）、他に「今井毘沙門町《びしゃもん》」（七六戸）と「今井東町《ひがしちょう》」（一四〇戸）がある。私たちの「今井公害対策委員会」は、このうちの「今井本町」町内会の組織である。

三つの町内会は、もともと「今井」という一つの部落であった。昭和三〇年、行政指導も加わって、分割統治されることになった。これが分れるときのいきさつは複雑で、公害反対運動が地区的に広がらない原因もこの辺に根ざしている。

大昭和は一〇〇万円を「今井」に寄付したと強調する。だから公民館の建築は今井本町の独断だと反発するのが、毘沙門町と東町である。しかし、もらったのはこっちだとゆずらないのが今井本町だ。このやりとりは今も尾をひき、部落の地下で砂利にからみついた根っこはなかなかほぐれない。

一〇〇万円がどんな経緯で公民館建築にあてられるようになったのか、私は詳しいことを知らない。こちらからむりやりに要求したものか、先方が無償の行為として差しだしたのか、その点も明らかでない。しかし、公害反対の運動の中で、私は会社の責任者が「今井については特別面倒を見てやったぞ」と、恩恵的に言ったことを何度も耳にした。その半面、私たちの部落の中には、「会社は今井一三三番地にある。ここの住民の一人じゃないか」と会社の寄付を当り前だと話す者もある。それはながい間この部落に植えつけられた被害者意識の居直りだと聞えないこともない。お互いの掌に血のぬくもりが通っていないことは事実だ。

寄付をめぐる計算は、会社にも住民の側にも連鎖反応的に動いている。小学校長は、「まあこれからもいろんな時に三分の一は大昭和さんから」と言った。またある小学校長は大昭和一族の肖像画を描いて、そのお布施にすがることを栄光としている。中学のPTAが、今井本町が公害反対の看板を取りはずせば、大昭和からプールの寄付三〇〇万円がもらえるのだ、と私たちに働きかけて来たこともある。

「寄付根性」は、部落の土壌深く根ざしている。近頃では、ある町内が防潮堤のたし前として二〇〇万円をねだり、別の町内では側溝をつくるためといって一五〇万円の寄付を求めようとしている。

こうした部落意識を知っている会社は、色気のある言葉をにおわせながら、財布のひもを引締め、現ナマを目の前にしていらだつ住民感情を、公害反対運動の火消し剤に利用しようとする。プールの寄付金三〇〇万円ほしさに、私たちに水をさしてきたPTA役員の行動は、はなはだ非論理的であったが、いじらしくもあった。金がほしくなると木偶を動かす糸操りの手元が見えなくなる。

金をめぐり、利害にからむ感情のもつれは部落対部落の排他的自己主張を高まらせる。公害反対運動は、おおかたそんなところでもたつく。今井三町は、もともと血を分けた兄弟が分家したようなものだ。大昭和公害の被害を受ける地理的な立場と、歴史的な深さは少しも変らない。それが一本にまとまらないのは会社のリモートコントロールも加わって部落の根っこにまつわりついた利害の因縁が頭をもたげて来るからである。

私たちの反対運動は、出発の時点から、今井三町は一体となって進めようと、隣接二町へ呼びかけた。部落（町内会）の底辺からは、共鳴音が返って来たけれど、組織的な参加には応じて来なかった。だからといって、彼らが無関心であったわけではない。

私たちの動きが活発になり、街頭に看板が立並ぶと、「本町のやつら派手なことをしやがったな」と、いくらか批判的な気持をまじえた慨嘆の声が流れて来た。確認書を取りつけ、ペイント塗装が始まると、「やつらに先を越された」という羨望をあらわにしたいらだちの声が聞かれた。私たちはそれを潮時に、まず東町へ呼びかけた。三月二五日、「明るい町づくりの懇談会」の開催である。

懇談会は公害問題で一本にまとまる気配を見せながら、ちょっとした言葉のやりとりで後退する。東町にある稲荷神社の火災保険料一、八五〇円は「今井」共有財産の利子で支払われていた。それを昨年の暮れ、本町側が一人勝手に打切ったのはどういうわけか。いったんそんなことに火がつくと、遠い昔の砂利採取の利益配分が再燃する。公害問題よりも利害のからんだふるい因縁が掘起されて来た。芒硝とチップの粉と、悪臭と騒音の共鳴音が部落の空をおおう以上に利害の乱気流が私たちの頭の上でもつれている。

住民の「やとわれ者意識」は反対運動を停滞させるもう一つのけん制力だった。私の部落は、飛石伝いの間隔で、ほとんど軒並みといってよいほど大昭和と関係がある。会社に勤めていなければ、紙加工で間接的につながり、こまごました商売の関係も浅くはない。水田の売り買いや、農作物の補償でくびきをはめられた農民もいる。三二年の農民一揆のあと、会社が子弟をしめ上げた時の苦味を、亡霊のように思い出す住民は、しっぺ返しを恐れている。まして勤める身ともなれば、公害はいやだが運動に加わる勇気はない。おれがやらなくてもトタン屋根は塗ってくれた。圏外にあって、いただくものは人並みにいただこうとするガメツさは、すっかり体質化して身についているのだ。

運動は、はじめから至難の性格を帯びていた。自分自身の体質にメスを入れることなくしては、公害を阻止しえないという課題を担わされていた。利害や因縁、そして小市民化した部落的人間関係の網の目から、どうして人権意識を噴出させるか、私たちは出発点において、部落改革の荷をしょっていたのである。

昨年の秋、私の町にこれまであまり見かけなかった〝観光会社〟が突然進出した。その捨身のサービス振りが今話題になっている。バス代無料、土産物つきの定期遊覧招待旅行だ。早朝六時富士駅前を出発する。途中フェリーボートを楽しみ、赤白まだらの高い煙突へのぼって帰って来る。

ふだん家事に疲れたおかみさんや、隣組、町内会で小まめに飛びまわっている役員たちも、思わぬ一日の清遊に歌も飛びだす。清遊とはいっても、往復一四時間のバスはからだにこたえる。しかし重い土産物を手にすると、再び勇気を取りもどして家路を急ぐということである。この不思議な土産物とは何であるか。

キンシ正宗二合ビン一本、アサヒビール一缶、ジュース一缶、バナナ一本、夏みかん一個、酒のつまみ三袋、銘菓「千葉の香り」一箱、そして観光旅行に欠かせない旅のパンフレットは「無公害」と書いた東京電力の小冊子である。私たちはこの観光を「姉ケ崎詣で」と呼んでいる。

いうまでもなく、富士川河口の左岸に新しい火力発電所を持ちこもうとする東電が、昨年から捨身でやり出した市民懐柔策の一つである。

東電は三月二〇日、富士地区の電力不足を理由に火力発電所の設置を市当局へ正式に申しいれた。それによると、完成時には一〇五万キロワットになる火力を、河口左岸の二〇万坪の農地へ四三年度から着工したいという構想である。四年前同じ火力を沼津市へ持ちこもうとした時、沼津、三島市民の頑強な抵抗にぶつかった東電は、ここでは町内会、隣組をごぼう抜きしながら、軟骨化の作業に必死である。戦時中、住民支配の役割を完璧にはたしたこの組織は、いつの間にか不死鳥としてよみがえった。市から町内会、町内会から隣組へと上意下達されて行く機能は回復したと見てよいだろう。もともと「部落」を温存し、住民支配の目的に転用されたこの組織は、下からと上へ逆流する機能を備えていない。下からのものはよくいって町内会長あたりで止まる。町内会長は上からと下からの結節点として地方自治体でいま極めてユニークな新権力階層になりつつある。市会議員も市長もこの組織と機能を無視しては動けない。東電が市に正式な申入れをする一年ほど前からここに眼を着けたのもいわれのないことではない。

富士市はおよそ産業公害といわれるものなら手当り次第に抱えこんでしまった無秩序の町である。大昭和を大発生源として大小一五〇余の製紙工場群は川と海を汚濁し、水資源を枯らし（塩水化）、騒音、芒硝、悪臭、煤煙、亜硫酸ガスの放出は企業優先の原則に支えられて、ありあまる自由を保証されて来たのである。

その結果、〇・一ｐｐｍを起える亜硫酸ガスの出現率は全国の工業地帯を上まわり、硫黄酸化物は一日平均一〇〇平方センチ当り〇・九五ミリグラム、ところによっては一・五二ミリグラムという激しさを示す（厚生省調べ）。大気汚染は全国三番目の惨めさである。このように「公害の町」と認知された富士市は、近く大気汚染防止法による「指定地域」にされようとしている。

東電火力はこれに上積みするかたちで計画を進めて来た。まるで無法者の殴りこみである。厳密にいえば、市内最大の地場産業と自治体との共同謀議といってよい。今でさえ既成公害を撲滅する能力を欠いている富士市に、日量五千トンの重油専焼火力が出現したら、一体どういうことになるのか。五千トンの重油は現在の富士市全体の二・五倍の消費量なのだ。しかも単独進出を大義名分とした東電火力が、実はコンビナート化の先ぶれであることが最近明らかにされた。県は富士川河口をせばめ、その河川敷九〇万平方メートルに新しく工場用地を造成すると発表したのである。

私の町はつい先頃もこうしたことで振りまわされたばかりである。昭和三二年、田子の浦港の建設と関連し、旭化成の誘致が強行された。農民の反対は地域開発の大義とバラ色の構想ですりかえられた。地域開発の構想がしばしばその現実を裏切るように、私の町はその時から「公害の町」という烙印を押されたのである。あっという間にいつもこういうことになってしまう。隠微に事が運ばれるからでもあるが、そうしたことを可能にさせるのは私の町の政治的体質にも関係する。

最大の企業、つまり最大の公害発生源の企業主と、一七万都市の首長とが兄弟という関係において利害を動かす。いわば政治と経済が特定一族によって支配された連身ふたごの町だからである。この異常体質が富士市を奇型化へ追いつめて来た。その追いつめられた時点において、富士市公害対策市民協議会が生れたのである。私も市民協運動の責任の一つを分担することになった。

市民協はこの四月発足したばかりであるが、富士市の異常体質は市民協に鋭く反映し、大昭和の支配体制にたいする最初の、組織的な批判勢力という性格をぬりこめたのである。私はこの地方の人間が、大昭和を怖れながら、しかし憎んでいるのだと言った友人の言葉を思い出す。歴史的に潜在し、伏流しているこの住民感情を漸く住民自身の手で噴出させる時が来たのである。

市民協の組織者は、「革新」であった。少なくとも「革新」は「保守」に比べ、まだ人間の立場を忘れなかったのである。しかし私はこの「革新」と呼び馴らされて来た事態について、ある種の戸惑いを感じないではおられなかった。世間一般から「革新」の如く思われ、自らも「革新政党」であると主張する公明と民社はこの市民運動に冷淡だった。働く者として市民の立場を貫くべき労働組合が、傍観者であるよりも、阻害者として立現れた時、私は「革新」の概念を変えなくてはならなかったのである。東京電力労働組合沼津支部は、死にもの狂いで火力進出の使い走りをしている。企業体制内に組込まれた労働者のうらぶれた姿をそこに見た。

もし「革新」というものが、私の身近にあるとするなら、人間の立場に目覚めた者だけではあるまいか。既成の政党に所属するか、労働組合に籍を置くかということでは革新性を証明することにはならない。私たちに必要なものは、所属の問題ではない。生きることを要求し、不当な差別を排除し、権力の暴力に抵抗することである。この姿勢を公害の撲滅まで崩すまいとする時、私たちの市民姿勢は革新的な性格を濃くせざるを得ない。対立概念として既に言い古された保守・革新にすがっていては、人間の立場を貫くことが出来ないからである。

私はこの運動の中で多くの精力的な活動家を友人に持つことが出来た。彼らは私の友人の中では清潔で、きわめて淡白な部類に属する。運動にたいしてはひたぶるな情熱を持ち、理論構成にも際立った才能を示す。おそらく家に帰ると飲みっぷりのよさで女房子供をはらはらさせ、底ぬけの善良さにおいて甘えられている男たちであろう。私は彼らの人間的な表情を知っている。しかしその同一人が、「活動の場」へ出て来ると、一様に定型的な活動家に変ってしまうのだ。発想が変るのは当り前としても、あくの強い組合用語と私たちになじまない政党語でたちまち武装してしまう。それを了解できるのはなかまだけとするならば、彼らは隠語の世界で自己了解していることになる。閉鎖的な職人社会がそうであるように、そのことによって彼らもただの人間から遠ざかることになる。日本の既成革新が市民生活に融けこめなかった一つの理由もこうした隠語性にはばまれたのではあるまいか。

私の近くに政治姿勢も政治理論も、てんで問題にならない男が市会議員に出ている。かくべつ才覚があるわけではない。しかしこの男が長く政治生命をつないで来たのは、この土地の精神的風土にもよるけれど、土語による対語が出来たからである。場違いな演説をやらせると破綻を来たす。しかし部落の中で身についた土語で話し出すと、巧まずして対話の空気を誘い出すのである。部落の日常に身を置く者の強味である。私たちは土語でものを考える。それによってしかほんとうの思いや怒りをあらわすことが出来ないのだ。

市民協の最初の委員会は、それが初めての集まりであったということによって、何となくちぐはぐな空気が流れたが、組合の闘争拡大委員会のように精鋭の活動家が顔をそろえただけでも空気がこわばった。たたかいの対象が明らかにされた段階で、戦略戦術が専門語(?)で語られたのは当然であったかも知れない。しかしその席にはそうしたことになじみうすい農業青年もいた。彼らは市のはずれに近い農村部から来ていた。農業用水を奪われた怒りを語りたかったのである。部落内《むらうち》で語りつくされた怒りを新しいなかまにも打ちあけて、つながりの糸口をつかみたかったのだ。

「おらあ若え衆だって、一発かませる権利ぐりゃあるずら、だがよ、場違いじゃ足もすくまあ」

彼らは自分の勇気のなさをうしろめたそうに私に話した。

運動は、部落のひだを這うようにして進めなくてはならない。部落的風土の中にはその風土が生み出した唯一の共通語としての土語が生きている。土語は私たちにとっては母語である。心にしみ通る対話はそれにすがる以外にない。

いたるところで噴出し始めた日本の市民運動は、七〇年へ向かって流れこむ一つ一つの細流である。私たちにとっても例外ではない、煉獄のような産業公害がなぜ私たちを脅やかすのか。脅やかす人間と脅やかされる人間がどうしてつくられたのか。脅やかされている人間の忍従と犠牲によって、脅やかす人間の経済繁栄が保証されて来たことに、やがて私たちは中央と地方の同心円的な関係を見出すであろう。ここまで来れば、局地的な問題が決してそれだけでないことを、私たちはあまり長い時間をかけなくとも知らされる。細流は遠からず主流の岸に流れこむからである。

私は理論武装をしてからこの事実の中へ飛びこんだのではない。人間が人間でないことを当然とする権力と、それを習慣的に受けいれていた風土との間に、一つの小さな割れ目を見つけた時、私はこの運動の中に置かれていた。そこで私は憤りというものが、人間を引きずって行く凄まじさを見た。うっかりすると自分をも傷つけるこの憤りは、スマートに生きることしか考えなくなった人たちがとっくに眠らせてしまった情念である。私にとっての反公害は、この情念を互いのからだに反照させながら土語によって語りついで行くことである。


〈一九六八・五・一四〉

踏絵の春

——読書会の友へ——

「妾は信者ではないのよ。それは本当。だけど妾には此のお像を踏む事は出来ないわ！　人間としてそんな事は出来ないわ。さあ、縄をおかけなさい。地獄の犬殺しさん達」

——長与善郎『青銅の基督』——

とうとう三月になった。「こちの梅も隣の梅も咲きにけり」（蕪村）ということになるが、僕のあたりでは梅が咲かなくなってからすでに久しい。もくせいをはじめ竹、南天は育たない。早咲きの乙女椿も、ほころびはじめたとたん花弁の先端が変色する。皆さんのところはどうであろうか。自然が奪われていくことは、まことに腹立たしい。卒業、入学という人事の哀歓も、こうした自然の色どりのなかでこそ身にしみるものである。

先日、吉原駅のホームで僕は大昭和の社長斉藤了英さんに会った。僕らは、旧制中学の頃からの友だちで、彼の弟二人は、僕が教師になり立ての頃小学校で教えたこともあって、お互いにかなり親しい間柄であった。しかし、そののち身をおいた世界もちがい、ふだんの往き来もほとんどなかったが、二年前に大昭和の公害が問題になり、ついで富士市の公害と東電火力の建設問題が顕在化して来るにつれて、大昭和の社長であり紙業協会長であり、そのうえ富士市長の実兄である彼と、僕は対極者という立場で関係が復活したといってよい。

「やあ、しばらく」と声をかけて来たのは了英さんである。彼の顔はひどくこわばっていた。五〇の坂を越した顔立ちは、めっきり先代に似てきている。しかしその時童顔だった少年の彼を僕は思い起さないではおられなかった。了英という名はいささかまっこうくさく僕にはなじまない。彼はもともと美英《よしひで》といった。だから今の僕は、「美英さん」という呼び名の方がすらすらっと出てくる。昭和五、六年頃である。鈴川駅（今の吉原駅）から、西東に分かれて汽車通学する中学生たちは、村がちがい学校がちがっても、同じ駅から乗り降りするというただそれだけのことで仲好しになった。美英さんの家は愛鷹山のふもとの吉永村である。中学は沼津であった。僕は田子の浦ぞいの砂丘の村で中学は富士であった。まだ中学の一、二年生の僕らは、砂丘の村の小学校の庭で、毎日草野球をたのしんだ。それが夏であれば、連れ立って田子の浦で泳ぐこともあった。（今は、美英さんの会社が流す廃液で、異臭の海になっている）そんなある日、美英さんの学帽を誰かが松の高い梢にかけてしまった。遊びほうけている間は、もちろんそんなことに気づくはずはない。さて、引き揚げようという段になって、彼は学帽のないことに気づいた。あらかじめその瞬間を予期していた二、三の悪童たちは、彼がカバンの中をのぞいたり、きょろきょろ辺りを探す風姿を、横目でうなづきあいながら「おーい、みんな、帰るぞお」《きゃあ》とせき立てた。さっき僕は、「誰かが松の高い梢に…」と第三者的にいったが、僕はこの謀議の熱心な提唱者であったことを今、告白しておかねばならない。「おれの帽子がない」と甲高い声で美英さんがいった。「おれの帽子、知らないかよ」となかまの顔を見た。共同謀議に参加した悪童たちはこうした時互いに顔をそらしながら、臆面もなくそらぞらしいそぶりをするものである。それが極度に背徳的な罪悪感を感じさせない行為であるだけに、ある種の余裕をもって傍観する。

「毘沙門さんの赤犬が、さっき黒えもんをくわえて、あっちへ行ったぞ」と一人の少年がうそぶいた。「どっちだい」と美英さんは、小学校の並びの寺の庫裡の方へ眼をやった。「こっちだ」と誰かがいった。美英さんは、反射的にくるっと体を後へ向けた。「あっちだ」とまた誰かがいう。そのたびに美英さんの体がくるくるまわる。眼に見えない糸で操るおもしろさを悪童達はそのようにして存分たのしんだ。あきらかに、不安とあせりが美英さんの顔にうかんだとき、番長格の悪童が「おい、ヨシヒデ、あそこだ」とあごをしゃくって松の枝に顔を向けた。そのときくれなずんだ空に向けた美英さんの顔が、くしゃくしゃにゆがんでいたのを、僕はいくらか悔恨の思いをこめて眺めたものであった。

学校の教師よりも、雄渾奇抜な物語に出没する孫悟空や猪八戒に、少なからぬ畏敬を捧げていた海辺の少年たちは、大人が構築した権威の砦に挑戦し、もろもろの禁則を犯すことに陶酔し、駿河湾の奥深くから、無気味にうねり寄せる土用波に、歓声をあげて激突するときの肉体の痛みを、その痛みのゆえに愛したものである。土用波が荒れ狂ったあとは、必ず毒性の強いくらげの「カツオノエボシ」が浮游する。キンタマをやられると悶絶するといわれて漁師さえおそれた代物である。それが誰かの体に張りついてのたうち廻われば、砂浜に彼を取りおさえていっせいに小便をかけた。これはきわめて野蛮な行為であったが、臨場的な知恵であり、悟空的世界の友情であり、しかもてきめんに効き目をあらわす漢法的療法であった。美英さんは、こうした野蛮な行為をひんしゅくし、常に危きに近よらない君子の常識を身につけていた。性根《しょうね》がやさしい少年だったのだろう。

吉原から静岡までの車中、僕はいま富士市で渦巻いている騒然たる事態——それはとりもなおさずわれわれの人権侵犯にかかわる問題、企業と市政の体質にかかわるそのことについて彼と差しで話しあった。切れば血が噴き出るそんな話のあいまに、僕は少年時代の草野球と、学帽事件と、狂乱する荒波を前にして、しぶきのかからない遠い砂浜に、群れをはなれてたたずんでいた美英少年の童顔を思い出さないではおられなかったのである。おそらく今の了英さんも、美英少年であったあの頃の美徳と資質とをそのまま持ちつづけているにちがいない。彼は、僕にきわめて礼儀正しく、しかもお互いに生涯消えることのない駿河のずら言葉で語るのだった。「おやじが死んで八年になるぜ。近頃はあんたも知っているあの玉泉寺の墓地へ行ってよ、おやじに七年城を持ちこたえたから、この辺で休ませてくんなということがあるぜ。休みてえなあ」、感傷的なそんな言葉さえ洩らす彼であった。しかし、了英さんがそれに溺れ切っていなかったように、僕もそこに沈み込んではいかなかった。現実は血が噴き出るように動いている。お互いが主情的な回顧で一瞬心を揺れ動かしたにしても、いま二人の生き方を貫く論理はちがうのである。彼が身をゆだねているのは「資本の論理」である。僕が貫こうとしているのは、「人間の論理」である。この断絶と空隙は、少年の日にお互を結びつけた甘美なロマンでは埋めあわすことができないほどに深くきびしいのだ。

最近、石牟礼道子さんの『苦海浄土・わが水俣病』という一冊の本が人々の関心を呼んでいる。僕は二月の末、東京の友人に教えられて早速読んだ。「昭和四三年九月、実に、第一号患者が発生して以来一五年目に、政府は水俣病を『公害病』と認定した。しかし、そのときまでに、熊本県の水俣病患者数は死者四二人、患者六九人（うち胎児性水俣病患者二〇人）に達していた」

不知火の平和な海で、漁を生業としていた人びとに訪れたいわれなき死、そこに新日本窒素水俣工場という「資本の論理」が存在しなかったなら、けっしていのちを奪われることもなかった死霊たちと、いまいのちを奪われようとしている生霊たちの怨念を、一人の呪術師になり代って語ったといわれるのが『苦海浄土』である。

「新日本窒素肥料株式会社は、資本金二七億円で、水俣工場を主たる工場とし、同工場においては年間硫安、硫燐安等約三〇万トン、塩化ビニール、醋酸等三万トン、その他一二万トン計一五万トンを製造し、現在一時間約三、六〇〇トンの排水を水俣湾に放出している」

「大昭和製紙株式会社、創立大正五年、資本金五二億二千五百万円。本社、静岡県富士市今井一三三番地。役員、取締役社長斉藤了英、副社長斉藤喜久蔵(弟)、常務取締役斉藤孝(弟)、常務取締役斉藤公紀(長男)、取締役斉藤滋与史(弟)。工場、静岡県吉原、富士、北海道白老。従業員五、九五九名。営業内容、洋紙、板紙、トイレット紙その他。生産能力(年)紙九一〇、八〇〇t」(以上、六八年七月会社調)。吉原、富士工場を発生源とする公害は、芒硝、亜硫酸ガス、汚水、廃液、悪臭、騒音、そして精神的暴力。

公害は、人間の肉体はおろかその精神にまで加えられた計画的な暴力である。それが文明の名において許されている。

「おらんとこじゃ、去年の暮れ大昭和さんが、『味の素』の詰めあわせと、『トイレットペーパー』をくれたから、当分買わなくてええ。公害、公害と騒ぎゃ得なこたあねえ。だまっていりゃ、トタンも塗ってくれるし、お歳暮までとどけてくれらあな。このあいだは、市長さん(大昭和製紙取締役・斉藤滋与史氏)の招待で、長岡の金の風呂へ入れてもらったに。なんでもそのときの話じゃ、後援会へへえれってんで、損はねえから、おらあへえった」。紙の城下町の旦那衆は、くさい空気をあまいといい、公民館の寄付金百万円で随喜の涙をこぼしている。旦那の一人はこういった。「工場次長さん、トルコ風呂って、こてえられねえって話だなあ。死ぬまでいっぺんいってみてえ。次長さん、今夜あたりどうずらか、ヨシワラへ連れてってくんなあ」「うん、会長さん、会社の車廻わすでな、おまん八時頃、立場《たてば》（村の料理屋）で待ってな」、六〇を三つ過ぎた町内会役員の藤作老人は、一度このたのしみをなめてから、三度に一度は部落の公害対策委員会に居留守をつかうようになった。出て来ても、いきなり狸寝入りをきめこんで、あの晩老いしなえた全身に回春のしびれをもたらした「浄土」の夢を追うばかりである。この部落にも、大昭和の公害を告発する立看板が五七板も立てられたことがある。「死んだ川、沼川よ、お前はいつよみがえる」「サイトウさん、ここへ住んでものをいえ」。

住民カンパでつくった立看は、公害闘争の道標として、往還筋に林立したといってよい。しかし、一カ月後のある夜、そのうちのめぼしいもののほとんどが何者かによって運び去られた。「こんちきしょう、やりやがったな」と、まなじりをつり上げて僕の家へ飛び込んで来たのは、わが同志新太郎であった。「おい、これを見てくれ、この切口は真新しいぞ」と彼は、切りとられた太い針金を僕に見せた。ペンチで切ったもんじゃねえ。クリッパーでばっさりやったもんだ。素人にゃ、こんなふうにゃ切れねえぜ。会社の野郎どもが、夜中にトラックでやって来て、やったにちげえねえ。ようし、ダイナマイトの二、三本、ぶち込むぞ」。新太郎は、いわばしがない港湾労務者だ。娘の一人がながいことぜんそくで苦しんでいる。一カ月前、僕らは看板を書き、夜おそくまでかかって村中を立て歩いた。彼の屈強な臀力は、この作業をはかどらせた。「おらあ、筆を持ったこたあねえが、一ぱつおれにも書かせるかい」「ああええとも、遠慮するな。でっけえやつを五、六枚書け」僕は彼をはげました。両膝をつき左手で体を支えながら、彼はながい時間かかって一枚を書き上げた。「いつまでだます大昭和、発生源はいつとめる」。ぜんそくで苦しむ娘のことを思い出しながら、会社への怒りと憎

黒く塗りつぶされた公害告発の立看板（小川忠博氏撮影）

しみをぶちまけたにちがいない。

東電は、すでに一億のゼニをこの地方にばらまいたとは、よく耳にするこの頃の噂である。贈答者名簿が僕の手に入った。ABCDの四段階に仕分けられたそこには、Dクラスとして町内会長、区長、農協組合長がランクされていた。

二月一五日、東電富士営業所が市内全戸にくばった「工事停電日のお知らせ」には、次のような一文が見える。「電気の使用量はますます増加し、あと三年もすると使用を制限したり、節電のお願いをしなければならなくなります。だから富士川火力はどうしても建設しなければなりません」。それから間もなく市内の事業所という事業所では、「富士川火力賛成署名簿」が一人一人の従業員に渡された。日産自動車吉原工場では、正午、職制を通して署名の申し渡しが行なわれた。季節労務者をふくむ約三、〇〇〇人の従業員署名は、午後三時一括して東電吉原営業所にとどけられた。これこそうむといわせぬ「企業踏絵」であった。同じ名署を、町内会長と東電の駐在員が、肩を並べて部落内《むらうち》でとりまくりはじめたのが三月の一〇日前後である。

「いるきゃあ――。おうい」こたつにうづくまってテレビを見ていたおふきばあさんと嫁のおしげは、振りかえって声の主を見た。ばあさんは、目がしょぼついて少し耳が遠い。

「おしげ、おまっち家《うち》の、電気のひもや差し込み、どっか悪いとこねえか。東電さんがサーベスに来てくれたに。見てもらえ。ただだからな」、いつもドスのきく亀蔵町内会長の声がやさしかった。東電さんは、「公害をなくすため二〇〇メートル煙突を立てます。亜硫酸ガスの少ない重油を使います」と印刷したタオル二本を差し出すと、勝手を知ったわが家のように、土間のはしごをするする上って、天井裏へ姿を消した。亀蔵は、おしげの体へすりよってこたつへ足をつっこんだ。「おまっちテレビ、画がうすいなあ。眼によくねえや。ばあちゃん、見えるかい。これじゃ、夜だって暗りゃらよ。近頃、工場《こうば》がたくさんできて、電気が足りにゃからな。いまに、テレビもラジオも、電気釜だって使えなくなるぞ。ああそうだ、おしげ」と、亀蔵はくしゃくしゃにまるめた「富士川火力賛成署名簿」を、ポケットからつかみ出し「東電さんが、いまおまっちうちの電気を調べてらあ。これにハンコをくれ。ほれ、判治らんとこでも影辰のうちでも、みんなやってらあ」、そういうと彼は鉄床のような腕で、しげの手をぐいとにぎった。「おお、むっちりしたええ手だなあ」「会長さん、なになさるんだに」しげははげしく肩を引いたが、朱肉に彼女の親指を突っこんで、ぽいと拇印をすませたのは、あっというまの早業だった。テレビから眼をはなしたばあさんが、梅干のような顔を亀蔵の方へ向け「ええあんばいで」といった。「あいよ、ばあちゃんや」そんな返事を返すと、彼は枯枝のようなおふきばあさんの手をとった。

一週間で、五万の賛成署名をとるという東電の運動は、企業と部落に張りめぐらした網の目を、ぐいぐいしぼり上げながら、踏絵の効用を発揮して進められている。僕の地方には、鈴木、渡辺、佐野、遠藤、そんな姓がごろごろしている。会社から厳重なノルマを言い渡された駐在員さんの中には、あらかじめ三文判を用意して、署名簿の自家製作をした者もある。こうした緊急事態になると、亡者がよみがえる奇蹟があらわれたり、火力反対の署名をすませた者の重婚がひんぴんと行なわれる。

県会議員のHに、五百万円出そうといわれている東電だから、農協の組合長や町内会長なんか安いものだろう。市会議員のWが、料理屋の女中春枝のオッパイをさすりながら、こんなことをいった。「ええときにええカモが舞いこんで来たもんだ。おらあ市会議員やって一〇年になるが、こんなうめえあげ潮がくるとは思っちゃいなかった。なあ春、おめえにもよ、いまにおのぞみのもの買ってやるぜ」、どんなにふっかけても背に腹は代えられない東電のハラのうちを読んでる市会議員の中には、いま、かせぎ時だと公言してはばからない者さえいる。

そういえば、ということは、ふだんあいその悪かった会社衆が、このところひどく気前がよくなった。あの日、大昭和の了英さんは、「あんたのとこ、庭のもくせい枯れたそうだが、うちの植物園から、二、三本おろさせるよ」と僕にいった。僕はそのやさしい心ねに感心しながら「庭木の枯れぐあいを見ていると、市が据えつけた八〇万円の自動測定機より、確実に空気の汚れがわかるな。立枯れした庭木は君の会社がいわれなく殺した、僕の記念樹だ」といった。ゼニの力で人間の心を、どうとも買えるという信条に生きているらしい了英さんは、さらに経営者的配慮を示してこうもいった。「君の家、どう、静かな山の方へ移っては。大淵に社《うち》の地所がたくさんあるし、よかったら移んなよ」「おれ一人のごぼうぬきなんて、けちくせえな。五百戸全部の集団移動をやんなよ。そうすれば、公害だなんてけちをつけられることもないぜ」了英さんは憮然として沈黙した。

これまで僕は、多くの人と会い多くの場において志を述べ、ある時には体がきしむ行動に身をさらして来た。これからも、そうした日々ははてしなくつづくであろう。この日まで敬愛をよせるのにやぶさかでなかったある種の人間が、極限状況で示した恥ずべき行為は、一時僕をかなしませ、憎悪とさげすみの思いを高揚させたが、そうしたユダとの対決の中においてこそ実存として人間があると思うに到った。大学紛争の渦中で、知識人、学者、学生たち、その若者と血でつながる多くの肉親たちまでが、自己点検を迫まられたように、僕もいま自己点検を迫られている。僕が皆さんの前で何かを語り、慨歎し、なおかつ主張しつづけて来たもろもろのことどもを、僕は自分にたいして証すため、今よりも苛烈にこの仕事の中へつき進むであろう。

そんなことを思う日々にあって、ジャーナルの読者欄に寄せられた二つの投書を思い起すのだ。二月一六日号、『「子は親の鏡」に思う』匿名希望、仙台市主婦。「冷たい留置場の中でこの一〇日間、愛する若者たちは、何を考え、何を見つめているでしょうか。仲間同志で完全黙秘をつづけているというこの子どもらに、自分の子にだけ手をつくして留置場から連れ出すような、むごいことだけはしたくないと、自分にいいきかせます」。二月二三日号『父から息子へ』匿名希望、京都府相楽郡、会社員、五二歳。「今度の安田講堂での争奪戦にも、重傷者のなかに君の名が見当らなかったことに二人とも安堵の胸をなでおろしている。しかし、一方大きな歴史的、必然的流動の渦中での小さな現象的偶然をよろこぶ浅はかさを一生懸命反省している。――その後の状況を見ていると、展望のない闘いに大多数の学生は倦み疲れ日常性を求めるに急であるように思われる。世間もまたマンネリ化した君たちの動向にニュースとしての清新さを感じなくなり、君たちの起爆的志向がそらされようとしている。しかし、世間は浮気であっても歴史は浮気でないと私たちは確信している。どんな運動も、一直線に迷わず展開されるものではないはずである。今後困難はいっそう加わるであろうし、それに従って孤立感はますます深まっていくのではないかと考えられる。渦中にある君が、停滞期に向かいつつある運動の前途にどのように対処していくのか。私たちは情的には逃避への願いと、理性的には変革へのゆるぎない継続への願いとの矛盾した思いに心を砕いている。君が運動を継続する場合、これから先、世間の嘲笑と憐憫と非難のなかで闘いに捧げた君の骨を、老先短い私たちが拾わなければならないような事態がくることを秘かに覚悟しようとして、覚悟しきれないでいる」

留置場の扉をおしあけて、自分の子どもだけ連れ出そうとはしないという母親は、強大な権力がつきつけた「踏絵」を拒否している。理性と感情の矛盾の中で身悶えする父親は、「世間の嘲笑と憐憫と非難のなかで闘いに捧げた君の骨」を、やっぱり拾うのはわたしだと覚悟しているのだ。自己検証とはなんときびしいものだろうか。検察官としてこの自分をも告発する自己内対決の法廷に、進んで自分をさらすことに外ならない。

ある日、僕らは『婉という女』を読んだ。あの涙はあなたの心からしぼり出た熱い露であったか。ある日僕らは、『李陵』を読み、暗い蚕室から洩れる司馬遷という男のうめきを聞いた。しかし、あなたは、あのうめきが人間の深い憤であったことを知っていたであろうか。ある日僕らは、『夜明け前』を読んだが、山林解放に身を投げた青山半蔵が、いざという間際農民から裏切られたときのかなしみを感じたであろうか。感じたとしても滝沢修の演ずる舞台劇『夜明け前』の観客としてではなかったか。漱石は、いざという間際の人間実存のおそろしさをつきつけて来たが、あなたは、文学的教養主義の振りそでで、なよなよとそれを包んだに過ぎない。「波の下にも都のさぶろうぞ」という平家の裏側に、「弓矢とる身のかなしさ」といわないではいられなかった源氏のあわれを、感知することなくして『平家物語』は理解できないだろう。「古典と現代の会」は自己検証の磁場である。

読書会「古典と現代の会」は、沼津、静岡、浜松がそうであったように、富士でも市立図書館の一室を月一回借りることで進められた。しかし、富士では、この公共の施設を使用するためには、検察官のごとき建物管理者の世界観と格闘しなくてはならなかった。小学校長を勤め上げたこの図書館長川口末次老人は、図書館とは古本を陳列し蔵書するところだという古典的な学の信奉者であった。彼からするなら「学のない女たち」が、平家物語や佐藤政府に批判的な週刊誌を持ちこんで「文学的」「政治的」な話題を語りあうのは、公序良俗を乱す振舞いに外ならなかった。まして「富士市繁栄のシンボル・公害」について批判的言辞を弄するのは、図書館使用の目的に反することであった。

「川口さん。読書会の婦人が、平家物語と『朝日ジャーナル』を読んだあと、一息いれてわが身にふりかかった公害を話すのが政治活動ですか。だからこの図書館貸せないっておっしゃるんですか。あんたが住んでる原田、あそこは亜硫酸ガスが、〇・〇五八ですよ」。ぼくより完ぺきにうすいしらが頭に、朱がさして、彼の右顔面筋肉がぴくっとした。僕は市内在住のS医師に会う。「先生、沼津三島のとき、お医者さんは、一生懸命でしたね。先生は、富士市医師会の長老です」「おらあな、いま役員でもなんでもねえよ。騒いだってはじまるもんか。毎日忙《めやんち》しくてそれどこじゃにゃ」。ぜんそくで長期欠席している児童三名を受持つ女教師のS先生は、公害反対の署名を父母に呼びかけた。「先生、そんなこたあ、わしらがやらあ」と、学級PTAの父母はたちどころに一三五人の署名を集めた。「おい、S先生。そんなことは政治活動で、とめられてるぜ。PTAの役員が、あんたが公害反対の政治活動をやってるって、抗議を申しこんで来てる。やめなよ。女のくせに」とそのときS先生の「政治活動」をきびしくつるしあげたのは教頭のNであった。その話を聞いた僕は、教頭先生に電話する。「先生、僕、甲田です。――、あれ政治活動ですか。いのちと健康を守るのは、先生のいちばん大事なお仕事じゃございませんか」「いや、わたし、そんなこと申したこと一度もございません」

その場その場で言いのがれしかできない腰ぬけどもよ、と僕は思う。そのあと僕は、富士市の教師の皆さんに、次のように訴えた。「子供のいのちを守ることによって、教師としての尊敬がはらわれているはずのあなた方は、いまなにをなすべきでしょうか。四日市、北九州、室蘭など公害の町の教師は、子供と父母に公害学習をはじめています。公害追放に起ちあがることは、教育の基本にかかわる教師の倫理です。戦後教育の、あの輝かしい原点を思い出されるなら、富士市で教師をしているあなたは、いま何をなすべきかおわかりと思います」

それからいく日かたって、僕の部落《むら》に新しい看板が立った。「役人だました大昭和、住民だます大昭和、だましっぱなしの大昭和」「子供にとって最高の教育環境は大気汚染のない青い空」。公害とたたかうことは、公害を社会の中へ正当づけてきた今日の文明と、その文明をうたがうことなく享受している人間へむけた告発である。

暖かい日が二、三日つづいて、このまま一気に春に駆けこむかと、僕は胸をひらいて心をはずませる。しかし、春はまだ遠いようだ。東京では四〇センチの春雪が降りつもり、国鉄のダイヤがひどく乱れた。うずくまってはいられない。スライド学習会が終った深夜、僕はこの一年いっしょにたたかってくれた友人たちと、肩をすりよせ異臭の漂う街を歩いて家へ急ぐ。浮力を失った排煙が、よじれもつれ蛇踊の竜の姿態を描いて街の中へ沈下していく。

底冷えのする夜気の中を、うずくまって歩いている僕は、ある一人の異様な風貌をそなえた男を思い起す。「恩寵と稀代の天分にめぐまれた修道者たるクリストフ・フェレイラ神父」、日本名沢野忠庵、別の名を「目明し忠庵」。ユダの末えいであるこの棄教者は、足に踏ませてキリシタンを発見するため、十字架を偶像の寺の敷居におくことを考案した。やがてそれが切支丹迫害の責め道具として使われる。聖像牌を、踏むか踏まぬか。信仰査問のこの方法を、僕はいま公害査問に借用しようとする。あなたはいま、「味の素」と「トイレットペーパー」をもらって、企業の論理に奉仕しようとするのか。いつまで査問劇の観客であろうとしているのか。それともガス責め、逆吊りの拷問にたえ、「人間の論理」を貫ぬこうとするのか。

「古典と現代の会」は、「人間の論理」とは何かと問いつづける会である。四月もしくは五月、機会を改めてまた静かに再開しよう。

〈一九六九・三・一三〉

議場乱入

「北京・三月二九日（一九六九年）発・新華社＝中国通信。

発電所ノ建設ヲ阻止スルタメタタカウ静岡県富士地区ノ広範ナ大衆。

東方通信社ノ報道ニヨルト、静岡県東部ノ富士地区ノ広範ナ大衆ハ、日本ノ親米独占資本が、同地ニ火力発電所ヲ建設シ、住民ニ危害ヲ与エルノヲ阻止スルタメ、二八日早朝カラ反動警察ト激シクワタリアッタ。

同地ノ人民大衆ハ、コノ発電所ガ建設サレルト、空気ガ汚染サレ、農作物ガ被害ヲウケ、発電所カラ排出サレル汚水ニヨッテ漁場ヲ絶滅サレ、農民ト漁民ノ生活ニ影響ヲオヨボスト指摘シテイル。

二八日、早朝、富士地区ノ労働者、農民、漁民オヨビソノ他ノ市民オヨソ二、五〇〇人ハ、無数ノ赤旗ヲ高クカカゲ、ドラヤ太鼓ヲ打チナラシ、スローガンヲ高ラカニ叫ビ、富士市議会ヲガッチリ包囲シ、市議会ガ発電所ノ建設計画ヲ審議スルノヲ阻止シタ。

反動当局ハアワテテ三〇〇人の警官ヲクリ出シ、コレラノ大衆ヲオドシ、弾圧ショウトシタ。シカシ、大衆ノナニモノモ恐レナイ精神ニオサレテ、警官ハ手出シスルコトガ出来ズ、退却セザルヲ得ナカッタ。人民大衆ハ同市議会ヲ八時間モ包囲シ、ツイニ同市議会ノ開会ヲ不可能ニシタ。

二八日深夜、同市反動当局ハ、警官ノ保護ノモトニ、ヒソカニ市議会ヲ開催シ、発電所ノ建設計画ヲ採択ショウトシタ。憤ッタ大衆ハ市議会ニ突入シ、反動議会ヲ追イ出シタ。大衆ノ勇敢ナ闘争ニ肝ヲツブシタ反動当局ハ、マタモ警官ヲ呼ビ、大衆ヲ議場カラ追イ出ソウトシタ。コノトキ同市ノ労働者、農民、漁民ナド一、五〇〇人が、四方八方カラ集マリ、同市議会ヲ占拠スルトトモニ、警官ヲ包囲シ、石ヲ武器ニシテ、警官ト二時間ニワタッテタタカッタ。市議会ハ閉会ヲ宣言セザルヲ得ナカッタ。二九日、早朝、闘争ニ参加シタ大衆ハ大会ヲ開キ、闘争ノ初歩的勝利ヲ祝ッタ。

マタ、三月二五日ニ、同地ノ大衆数百人ハ断固トシタ行動デ、市当局ガ発電所ノ建設計画ヲ承認ショウトシタコトヲ阻止シテイル」


火力発電所の建設をめぐって、富士市議会と富士市が、何をやり出すかわからないという不信感は、この一年市民の間でくすぶりつづけてきた。製紙を中心とする既存公害が、まったく野放しにされているところへ、重油専焼の火力発電所を持込もうとするのであるから、警戒心と同時に不信感は高まるばかりだった。市民協議会は、公害問題はすべて公開の原則に立ち、公聴会、討論会もしくは説明会をひらくことを、昨年（一九六八）の九月二日市に申入れた。九月一〇日には、四〇人の全市会議員に公開質問状を出し、市民との対話の機会を積極的に設けるよう要請した。

市長の政治的基盤は大企業にある。市長（斉藤滋与史）は、この地域最大の製紙企業の深い血縁者として、政治と経済の支配体制を確立することに専念してきた。市民は、自ら選んだ市長であったはずだが、いつの間にかそうなってしまった町の姿を、連身ふたごとさげすみ、〃紙の城下町〃と呼んできた。近代産業の衣裳によそおわれながら、封建遺制をそのまま受けついだ政治機能は、対話を軸として回転するには、あまりにも硬直していたのである。町内会、農協、婦人会、ＰＴＡ、遺族会が、利用しやすい選挙の母体であることについては、この町も例外ではない。市政とそれらとの間には、儀式的な行事がくり返され、そのことによってたくみに誘導された利害関係が、体制化を促す刺激剤として利用されてきた。体の痛みをテコとする市民的対話の場は望むべくもなかった。市長は、公害問題について黙秘権を行使しつづけた。

市会議員の四〇人を、保守革新という図式によって類型化するなら、三六対四ということになるだろう。四とは、公明二、社会一、革新系無所属一である。しかし、こうした町で、その他の三六を「革新」でないからといって「反市民的」だと断定することは危険である。「革新」が必ずしも市民的であるとはいえない。少なくともこの図式からはみ出た少数の「土民議員」がいるからである。土民的な気質は、彼らを大衆の立場に立たせ、次郎長的な行動をとらせることもあるが、選挙の足がかりを部落《むら》におくということによって、部落的エゴイズムの制約からぬけ出すことができない。全市的な展望に立つ政策の展開は弱いのである。

公開質問状に答えたのは一〇人であった。問題にまじめな関心を示したのは五人に過ぎなかった。選挙になると、供応、買収までして個別接触に熱心な議員たちが、重大な市政について黙秘権を行使するのはどういうわけであるのか。彼らは議員になったその時点で、より大きな権力機構の中へ組みこまれてしまうからである。というよりも、はじめから権力機構に組みこまれるために議員になろうとしたといった方が事実に近い。この場合、権力とは、政治を取りこめている企業のことである。

ここは、企業が政治を支配する町として典型的である。政治が企業によって私物化されている町である。議員であることは、その中へ組みこまれることである。議会制民主主義が、企業独裁制におきかえられている典型を、私は自分の町に見る。

三月二九日午前雰時三〇分、富士市議会は深夜の抜きうち開会をした。正確にいえばしようとしたのである。機動隊四〇〇人の厚い壁がそこにそびえていた。しかしこのようなことは、はじめてではなかった。火力発電所の建設をごり押ししようとする議会にとって、夜討ち朝駆けをかけるぐらいは、けっして変則や異様の部類に属さないことであった。

すでに三月二五日には、九時開会と告示されていた議会が、とつぜん一時間半くり上げて七時半に開会されようとしたことがある。傍聴と陳情に出かけた市民が、完全にはぐらかされたのはいうまでもない。火力の建設に反対してきた四人の議員が、時刻変更の通知を受けたのは、開会わずか三〇分前であった。彼らは開会におくれた。反対派であるという理由で、議員さえしめ出すのであるから、市民をはぐらかすぐらいのことは常識化している。こうしたことをくり返すうちに、富士市議会は徒党集団であるといわれるようになった。この徒党性は、開会時刻の変更を、あらかじめ火力建設の当事者側に知らせ、傍聴の便利を一方的に与えたという密通性と、警官隊二〇〇人をあらかじめ用意していたという権力性によって証明された。議会制民主主義は、だれのものであるかという疑問が、ひろがったのは当然である。

三月二五日、議場に集まった市民は、七、八百人だった。富士市以外、富士宮市、庵原郡富士川町、蒲原町、由比町などの隣接市町からも集まった。火力の建設に反対するにしても、それぞれが置かれている立場によって、理由もちがうし態度にも微妙な差異が見られた。

由比町は漁民が主体であった。火力発電所の建設予定地は、死活をかけている漁場の鼻先にあたる。一日三五〇万トンの温排水が放流されたとき、サクラエビの漁場は死滅するかも知れない。すでに現在、田子の浦港から排出されている製紙工場の廃液二〇〇万トンで、彼らの漁場は不毛化している。そのうえ一日四千キロリットルの重油を使う火力発電所は、燃料輸送のためこの漁場を汚さないとは限らない。すべてが死活にかかわる問題である。しかし、この一年、企業も富士市もこの疑問に一度も答えなかった。

富士川町は、日本軽金属蒲原工場のフッソガスで、三〇年間の公害を苦しんできた町である。水稲の減収は年々増大していた。主産業であるミカンの作柄も目に見えて落ちていた。しかし、日軽金は、農民の不安と苦しみに格別の誠意を示さなかった。この体験をもとに大気汚染には町境はないという見解をとった富士川町は、昨年(一九六八)の五月、東電ならびに富士市に火力による公害の科学的説明を求めた。半年たってから、東電はパンフレット一冊を回答として持ちこんだ。〝大国〟富士市は富士川町をまったく相手にしなかった。企業のエゴイズムと、小国の運命は関知しないとする大国主義的権力性を、富士市に感じとったのが富士川町であった。ここでは町長を会長とする町ぐるみの反対期成同盟がつくられた。

大気汚染防止法は、この三月これらの町をふくめた富士地域を、「B地域」と指定した。富士市の公害は、大気汚染にかぎらない。大昭和、大興製紙、旭化成を最大の発生源とする既存公害は、チップの野積みによる飛散、芒硝、悪臭、川の汚れ、騒音、塩水化等、産業公害としては地盤降下がないだけである。かつて富士山のたたずまいは、そこに清冽な水が豊かにあることによって人びとの心をとらえた。しかし、いまここは病み疲れた町と変っている。企業は、町の自然を破壊しただけではない。大昭和製紙富士工場は、藤間という小部落に接して工場を拡張した。市の医師会はこの部落の一〇歳以下の子ども七三人のうち、三二人がぜんそくのおそれがあると発表した。

工業化の中で、公害不感症にならされてきた富士市民に、これらの事実へ改めて目を向けさせたのが火力発電所の建設問題であった。企業本位の立場から新しい発生源を持込もうとするのは、市民感情をいちじるしく刺激した。「もし火力発電所ができないと、間もなくテレビもラジオも電気釜も使えなくなる」、こういう乱暴なおどしが、この一年間東電と市によって、市体制のあらゆる動脈をパイプとして、波状的かつ根こそぎに流された。

こうした中で富士市公害対策市民協議会は、中小企業の勤務者を触媒として、無党派の市民の間に組織をひろげながら、公害の科学と公害の政治学についての学習を広めた。

由比港に所属するサクラエビの漁民、町ぐるみで反対を組織した富士川町の反対期成同盟、それに富士の市民協は、このような背景をになないながら、個別的に火力反対の運動を進めてきた。それが急速にまとまり、激しい運動として高まった契機は、三月二五日、富士市議会がみせた朝駆け議会と警官隊の導入であった。いのちとくらしというところから出発した市民の抵抗を、警官隊でくいとめようとし、二度、三度と導入するにいたった時点で、市民の抵抗は爆発したのである。

機動隊の導入は、近ごろ権力者側によって安易に採用される図式的な方法論になっている。「戦後警察力が大学にはいったのは、一一二回、そのうち今年一、二月の出動は三九回にのぼり、うち三三回が大学の要請による」(『朝日新聞』四月一八日「大学・ゆれる新学期」)といわれる。学生がつきつけた根源的な問題を受けとめる能力がなかった大学は、紛争解決の手段として、警察力を導き入れた。公害に目ざめた市民は、議会に向かって「地域開発とは何か」、「わが町の未来とは何か」と問いかけている。これに応える能力と機能を失っていた富士市議会は、そう問いかける市民を「暴徒」と規定して「機動隊」を対置したのである。この発想は、大学紛争で図式化された権力行使の連鎖反応だったのである。

三月二八日、議会が三〇〇人の機動隊を入れたとき、市民は二千人にふくれあがった。三月二九日午前零時半、深夜の抜きうち議会では、機動隊が四〇〇人に増員された。それにもかかわらず結集した市民は、二、五〇〇人とふくれあがって機動隊と激突した。死者が出なかったことを、わたしはいまも奇蹟と考えている。夜来、富士グランドホテルで酒宴をひらき、機動隊に守られ、酒気に乗じて議場へ乗りこんだのが、その夜の富士市会議員であった。議会は三たび流れた。

公害は、人権の侵害だとするわたしたちの前に、警官隊、機動隊が立ちあらわれたのは、この年の二月以来六回になる。「私服」はいつも身辺につきまとっていた。そのたびに、権力の実体を肌で感じるようになった。そうしたなかで、富士川町の婦人は、日蓮宗のうちわ太鼓を叩きながら、いつもユニークなデモストレーションをした。神、仏にすがるというのではなく、最も大衆的で伝統的な楽器として、それを打ち鳴らし、念仏のかわりに富士川音頭を歌いまくった。そうしながら、彼女たちは権力の親衛隊をさかんにやゆした。議会は、機動隊によっては守れなかった。議会の機能の回復は、市民とは何かと改めて問返すところからはじまる。

わたしは、公害はすべて例外なく犯罪であると考えている。経済の繁栄がもたらした必要悪だというふうに、近代悪の実体を拡散解釈している限り、防止されない。七〇年代の日本で、いのちとくらしを守る市民運動は、それが根源的な要求に根ざす限り、けっして消されることはないであろう。

〈一九六九・五・一一〉

痴漢の論理

「生娘を犯して功徳とする者を
痴漢という」

富士市の運命をきめたのは水である。山麓の湧水と富士川の伏流水は、ここに住む人びとに豊かなくらしを保証してきた。飢餓や貧困でうちひしがれることがなかったのは、ありあまる水のおかげだったかもしれない。紙産業を興したのも水であった。この地方で企業的に君臨しようとした者たちが、製紙以外の途を選ばなかったのはこのためである。水によって製紙が興り、製紙によって公害が激化し、住民のいのちとくらしが犯されるにいたった今、僕たちは「業」としての水を改めて思い起こしている。

水は住民の共有の財産であった。どんなに消費してもつきないものであった。清冽な流れとして存在するものであった。このようなことはもはや観念として思い出すしかない。水の支配と独占をめぐって、陰惨な争いと謀略がくり返えされてきた。そして今、住民の前に、ねばっこい赤い液体がこの町の恥部のように異臭を放って澱んでいる。

さる三月（一九六九年）、この町は大気汚染防止法によって「B地域」に指定された。つづいて七月

「暴力汚染地域」の指定も受けた。暴力と公害の根っこが同じであってみれば二つの汚染指定は別のものではない。しかし、もし暴力汚染の指定がはるかに先行し、企業暴力にきびしい法規制がなされていたとするならば、富士市はいまのように公害の町とはならなかったであろう。企業暴力は、水をめぐって企業対住民、企業対企業の二重構造の中ではげしくくり返されてきた。

富士で最初に塩水化が発見されたのは昭和三五年七月、田子の浦港の北東一キロ、深度一〇〇メートルの深井戸であった。そのときcl⁻は五〇〇ppmであったが年末には一、〇〇〇ppmを越え、翌年一月には三、三〇〇ppmに達して廃止された。それから数年の間に塩水化は、内陸部三・五キロに達し、現在一七平方キロの広範囲に及んでいる。ちょうど同じ時期に、山麓一帯の湧水が窒息するようにとまりはじめた。この異変が、自然現象でなく工場の過剰揚水であることをうすうす気づきながら、地下水がなくなれば水道を引けばよいと、水への愛着を奪い取られていた住民は、かくべつこれを奇異と感じ、痛みとして受けとることをしなかった。地下水の枯渇は、人の心をも枯らしてしまったのである。

四〇年から四一年にかけて、富士、愛鷹山麓の農業地帯に農業用灌漑用水が一二本掘られた。三九年の大井川地震に便乗した市が国庫補助をかすめ災害復旧と称して行なった事業である。これらの用水を今でも「災害井戸」と呼んでいるのはそのためである。このあたりの水枯れは、大井川地震と関係なかった。しかしうまい時にひとゆれしてくれたものである。災害にかこつけて、国のゼニで井戸を掘るチャンスが与えられた。それにしても用水に苦しんでいた農民は、誰かが思いついたこの「便乗」をほくそ笑みながら歓迎した。喜んだというより、一度奪われた水を復権したと受けとったものである。

陳情書

「先に市当局のお計らいにより、災害対策井戸の完成を見てより、当地区の水田は豊富な水資源に恵まれ灌漑用水に何の不安も感ぜず農業に従事出来ますことは誠に感謝にたえない次第です。しかしながら、用水不要時において貴重な水資源がいたずらに流失することは何としてももったいない感じがするのみならず、場合によっては稲の収穫に支障をきたすこともありますので誠に勝手ながらこの自噴余剰水の処理方法についてご配慮煩わし度くお願い申し上げます。

昭和四十二年九月

関係者代表

富士市中里区長　渡辺　稔

（以下、町内会長部農会長十名連記署名）

富士市長　斉藤滋与史　殿」

中里地区の農民が四二年の秋富士市長へ出したこの陳情書は、白紙委任のかたちをとっている。名主・庄屋・代官にいざって哀願した百姓のあわれさがにじんでいる。しかし農民は、哀訴したのか。用水不要時に貴重な水資源がいたずらに流失することは、何としてももったいないから、余剰水を処理してもらいたいと願い出たのだろうか。これは、水とあらば知能犯的犯罪をおそれない地主と代官があらかじめ仕組んだ芝居であった。農民は、四二年九月の台風で不良になった排水口の修理を市に口頭で申し入れたにすぎなかったのである。市はこれを、四二年一一月、前記陳情書のかたちに翻案し区長、町内会長、部農会長一一名の連記署名陳情として出させたのであった。「陳情書」の趣旨をくみとった市は余剰水の処理を紙業協会に諮った。紙業協会から次の推せん書が出された。

推せん書

「富士市所有施設の水利用について協会員に連絡し、希望者を調査しました結果、使用期間が限定されること、ならびに使用に伴う諸施設に多額の費用を必要とする等の理由により希望者は一社のみであります。

よって自社の力により使用期間、経費等の点において調整できる会社を最適と認め、ここに大昭和製紙株式会社を推せんします。

昭和四三年五月

静岡県紙業協会長　斉藤了英

富士市長　斉藤滋与史殿」

この「推せん書」を受けた富士市長と大昭和製紙株式会社社長斎藤了英氏との間に「市有施設の使用に関する」七カ条の「契約書」が取りかわされたのが四三年二月八日であった。「推せん書」と「契約書」の期日が、時間的に前後しているのは、この町では契約や諒解より先きに事実がいつも先行するからである。「契約書」によると、市が大昭和に供給する基準水量は一日当たり一〇、〇〇〇立方メートルを原則とし、灌漑期においても余裕があれば給水することができ、使用料は一立方メートル当たり一円五〇銭、契約期間は満五ヵ年、双方異議がなければ期間は更新できることになっている。県の工業用水の使用料が三円三〇銭であるのに較べるとずいぶん安い使用料であり、ことの次第によっては「灌漑期でも使用できる」というのであるから、この契約書は、農民にとって、無条件降伏の調印書にひとしかった。

地下水を枯らしても増設しなくてはならない資本の論理は、水資源の確保のためには掠奪的な手段も辞さない。この時期、大昭和吉永工場は二五〇インチのマシンを増設し、日量五万トンの水を必要とすることになっていた。農民陳情が、市の翻案で書き上げられた時期には、大昭和吉永工場から中里地区に隣接する赤淵川まで、八〇〇ミリの配管工事が進んでいた。市の部長と会社の用水課長が、市と大昭和の「契約書」を農民に示した時期、すなわち四三年二月には、配管工事はさらに延びて赤淵川を越え、中里地先きの川尻地区まで導入されていた。事実が先きに進行し、諒承はあとからおしつけられる。さかのぼれば、大井川地震に便乗した「災害井戸」も、哀願的につくられた「陳情書」も、さらに無条件降伏文書を思わせる「契約書」も、一企業の水資源確保のため仕組まれた筋書きであった。

わが富士市は、「経済の繁栄、産業の発展」という過程の中でこうしたことをきわめてスムーズに可能にさせるものを体質化していた。地場産業の「王様」と、自治体とが連身ふたごの血縁で結ばれることになってからこの傾向は体制化されたのである。静岡県紙業協会長である斉藤了英氏は、市有施設の水利用をもっとも有効に活用できる会社として自ら推せんした大昭和の社長である。そのことを紙業協会に諮問した富士市長は、大昭和製紙の取締役である。そして二人は外ならぬ実の兄弟である。血は水よりも濃い。

住民陳情という手続きは、しばしば特定者の利害を正当化する手口として使われるものである。陳情者不在の「陳情書」は、おどしとられた調書のようなものであった。あとで事の次第に驚いた「陳情者」たちが、むしろ旗をおし立てて異議の申立てをしたときには、この一枚の証文は、手かせ、足かせ、さるぐつわとなって彼等の抵抗をむなしいものにした。

僕の住んでいる今井部落の約五〇〇戸が公害問題で大昭和鈴川工場と交渉をはじめてから三年たった。かんじんな発生源対策は引き延ばされるばかりで、今では大増設計画さえ進んでいる。わずかに補償としてトタン屋根のふきかえが行なわれたに過ぎない。会社は鈴川工場長を責任者とし、事務部長、管財部長など十数名が交渉委員として顔を出す。彼等のすべてがこの土地に住んでいないということは、交渉に対処する姿勢をいちじるしく安易にさせてきた。企業に身ぐるみ抱え込まれている彼等にしてみれば、公害を経済性の視点からとらえることしかできないのは、当然かも知れない。煙突を一〇一メートルにすればガスの接地点は何kmになる。スウェーデン製のコットレルを装置すれば、集じん率は99・8%である。ブロック塀で音源をかこめば一〇ホン減音するという数値操作の問題ではない。近頃、サットン・ボサンケなどという拡散式があたかも護符のように企業側から飛び出してくる。富士川火力発電所について、最近東電がいい出したことは、サットン方式で計算するとガスの接地点は27km（三島）、大阪府方式では20km（沼津）、風洞実験では45km（湯河原）ということだ。いったいガスはどこへ落ちるのか。悪臭・騒音・降下ばいじんを、体で受け体に記憶させたことのない者に、どうして公害が犯罪であるということが理解されるであろうか。公害はいつも人間の問題である。彼等はこの人間の立場を終始欠落させていた。メカニズムの中へとりこめられ、本音を声に出すことすらできなくなった人間と、日常が音をたてて奇形化されていくことを日夜からだで受けとっている人間とでは、同じ次元で対話することはあり得ないことだった。住民が、会社幹部に今井地区に家族ぐるみで生活し、公害の日常性を体験せよと申し入れたのは、彼等を、人間の場へ引きもどすことによって加害者としての罪の意識から出発することを要求したからであった。これについて、大昭和製紙取締役鈴川工場長横関茂氏から次のような回答が寄せられた。

「今井地区における会社幹部の家族ぐるみの生活体験につきましては子弟の教育関係もありますので発生源の早期対策に努力することをお約束してご容赦願いたいと思います」――四三年一二月二六日

この回答文書は、「企業植民地」ということを思い出させるものであった。植民地支配はいつものようにして進められてきたにちがいない。支配者たちはあらゆる収奪を行なうために、そこに収奪の拠点を構築しても、家族ぐるみの生活者になろうとはしないのだ。人を犯しても自らは犯されまいとするエゴイズムの貫徹が植民地支配の法則である。横関氏は、市外、富士宮市の閑静な山手に住み自分の責任において拡大再生産している悪臭・騒音・芒硝・亜硫酸ガス・汚水とまったくかかわりをもたない。彼等の公害防止対策、といっても工場長をふくめた彼等が、それについて最終的な責任も権限もない雇われた者であってみれば、一概に責め立てることはできないが、企業体制内に埋没してしまった彼等は、いつの間にか非人間的な思考と発想で類型化され、資本の論理を自己同一化している以上、人間的なものを彼等に期待することはむなしいことであった。「子弟の教育」というまさにそのことによって、植民地から解放されようとしている住民と、彼等もまた同じ理由をかかげることによって植民地居住を拒否しているのだ。

今年になって何回目かの大昭和交渉が持たれたとき——正確にいうと五月二一日——は流会になった。その日は報道関係者が取材に来ていた。会社は、とつぜん硬直し生理的な拒絶反応を示した。法廷に引き出された被告のように、小声でぼそぼそつぶやきあうだけだった。「誰にきかれたってこまることはあるまい」と詰め寄る住民に漸く横関氏が口ごもっていったのは「水いらずで話したい」という言葉であった。水いらずという関係は人のよい田舎者を本気でそう思い込ませてしまう吸引力があるが、それによって蟻地獄にめり込んだ部落の公害対策委員のあったことを僕は思い出した。会社がこの時期突然報道関係者の取材を拒否したのは、富士川火力発電所建設問題がせん鋭化した背景を考慮に入れ、真実を報道されることにおびえたからに外ならない。巨大な資本の威圧と、時にはからだまでとろけさす懐柔術でも、なお崩れ去らない真実が、公開の場に持ち出されることは企業にとってこの上なく不都合きわまりない。非公開秘密主義こそ彼等がいちばん得手とする商取引きである。

流会になってから会社幹部の一人が、「公害で発展したこの町が、いまさら十八の生娘に返るもんか」といった。合意なく生娘を犯した痴漢がそれによって人生を狂わされた娘の、怨念と憎しみでふるえる肩に手をおいて「女は汚れてはじめて一人前になるんだ」と、再び言い寄る風景を僕は思い出した。「お前さんを一人前にしてやったのはおれだぜ。泣くこたあねえや。お礼ぐらい言いなよ」と、酒くさい息を吹っかけて舌なめずりするヤクザのせりふであった。

彼等は本気でそう思っている。空気がくさくっても、川の一本や二本がドブになったたって、それでお前さんたち、結構くわせてもらっているじゃないか。食うや食わずの貧乏ぐらしの頃とくらべて、会社さまの恩顧を忘れちゃこまるぜ。こうした論理の延長上に、富士川火力発電所の誘致が正当化されてきたのである。

政経独占の支配体制と、痴漢の論理がまかり通る風土の中で、はたして市民のための公害行政が存在するであろうか。そのことを検証する前に、もう一つの市政の体質について具体的に語らなくてはならない。

大昭和は、毎年都市対抗の代表に選ばれることで有名である。こうしたことに熱狂する市民がいることは、本人たちの気質と趣味として自由であり他者に危害を加えない限りでは夏の風物詩としてほほえましくさえある。しかし「富士市代表」とはどんな根拠で市民の合意を得た資格であろうか。その正当性は何によって与えられているであろうか。いったん「富士市代表」という虚位を獲得すると、一企業の宣伝活動は自動的に自治体が肩替りする。壮行会、街頭パレード、応援団の編成などが予算化されるのである。昨年は約三〇〇万円、今年は約五〇〇万円が計上されたといわれる。この数字は市民はもちん特別な議員以外には明らかにされない。一部の議員たちがどんぶり勘定できめてしまうからだ。応援のため市役所の職員に業務命令が出る。昨年は日当七〇〇円が支給された。今年も「職務ニ専念スル義務」が免除され、何台かのバスが仕立てられた。そして職員は市民応援団のバスに分乗しサービス芸者のごとく附き添われた。

野球は遊びである。都市対抗は、企業がその遊びを利用して行なう商業宣伝の場である。遊びと自己宣伝は自前でやるべきものである。

四四年度一般会計予算七五億七、五〇〇万円の富士市に、二〇億一〇階建の高層ビルが建ちつつある。面積二一五km^2の市内に住むかぎり、一七万七、〇〇〇人の市民は骨組みが終ったこの建築物をどこからでも眺めることができる。来年の二月完成すると、議場内に高さ一間のバリケードを築いて、公害に反対する「暴徒」の乱入を警戒する心配もなくなり、赤じゅうたんの廊下をトンビのように飛び廻る市会議員の姿が見られることであろう。しかし、暴力汚染の指定をうけたこの町のことであるから、いつ不測の事態が起こるともわからない。おそらくそのときも、ちょうど今と同じように与力・同心の輩下たちが、市長室や議長室あたりに張りつくにちがいない。城郭が戦闘拠点としての実用性を失い、寺院が信仰と無関係な宗教集団の居宅となっても、威圧的な建造物を熱心に構築したのは、もっぱら権力を誇示するためであった。この伝統は絶えることなく引きつがれて、金貸し農協や住民不在の自治体庁舎に再現されている。市民サービスの機能化は庁舎の高層化とは関係がない。かえって法城のように聳え立つことによって市民を拒絶するのがこうした場合の効用である。二〇億円の建築費はこの町の赤海濁空を一掃してあまりある。しかし、でっかいものが建ったという心理的なショックは、自分の町が近代化されたような錯覚を市民に植えつけるものである。

一年前までこの町の公害行政はゼロにひとしかった。ビーカー二本、フラスコ一個、係三人といわれたのは昨年三月のことである。市民から騒音・悪臭・川の汚れについてやんやの苦情が持ち込まれても、公害行政はその程度に貧しかったのである。もし行政らしいものがあったとしたならば、「市民の皆さん、川へゴミを捨てないでください」と、毎日有線放送で流したぐらいのものだろう。大会社が製紙の汚水を川へたれ流し、かつては口をつけて水さえ飲めたその川が、僕たちの前で確実に圧殺されていても、毎日一七〇万トンの汚水を放流する一五〇工場は、警告一つ受けていないのだ。これを治外法権というのであろう。

ビーカー二本、フラスコ一個、係三人ではあまりもおそまつ過ぎる。住民運動が日ましに高まる状況の中では、世間体もはばかれる。少なくとも新庁舎の偉容に見あう形式整備ぐらいはというわけで、経済部開発課公害係が公害対策室に昇格し、六人の事務職員が配置されたのが昨年四月である。四二年度六七万六、〇〇〇円だった公害対策費を、七三二万六、〇〇〇円にふやしたのもその時点だった。住民運動の盛り上りと、ちょうど見あうようなかっこうで公害行政の形式的な整備が進められたのである。公害対策市民協議会が、富士川火力発電所問題について市長との対話を求め、議員に公開質問状を出したのは四三年九月であった。これにたいし市長も議長も雲がくれするようにして今日にいたっているけれど、市民協の住民運動を「口害」だといって問題をすりかえてきた彼等も、一〇月になると公害課を発足させ課員も一二名に増員せざるを得なかった。そして今年の五月から、市内大手一三社一五工場と公害防止協定の取りつけを急ぎはじめた。しかし僕たち市民は、おいそれとこれを鵜呑みにするわけにはいかない。防止協定は、難行している富士川火力発電所の建設を正当化するためのおとりだからである。

「富士川火力対策室」が設けられたのは、ちょうど公害課が新設された時期と重なる。対策室は、市民的立場から火力問題を検討するために置かれたのではなく、企業的立場で受け入れる準備室として発足した。結論は先きに与えられていた。

富士川火力は昭和三九年の秋、沼津で挫折し、その後東電が富士川河口左岸をZ地点として県の了承を取りつけていたいわくつきの計画である。県は今年から発足させた「第七次静岡県総合開発計画」で「出力一〇五万kwの火力発電所を建設する」ことを策定していた。行政下請工場に過ぎない富士市は、親工場の発注品を早期納入することを要請されていたのである。地域開発計画への住民参加ははじめから考慮になかった。市当局が火力発電所の誘致に狂暴な熱意を示したのは親工場の意にそうことが同時にこの町の独占の利益と合致したからに外ならない。この一年間、市と議会はいかにしてそれを議会議決という形式にのせるかということだけに終始した。市民との対話の拒否、早朝深夜の議会、機動隊の導入、住民運動への刑事弾圧、隣接一市四町への恫喝と懐柔、そして最終的には七月一一日市民の傍聴を禁止して全員協議会を開きわずか二分間で火力建設の「了承」を取りつけたのである。その日いたちの〃さいごっぺ〃のように事を運んだ一部の議員はいち早く伊豆長岡温泉へしけ込んだ。散財締めて九万円の遊興費を、今、出せ出さぬで市と一悶着起こしている始末である。事のてんまつは日本のどこかで行なわれている何かとひどく似てはいないか。

「此頃富士市ニハヤルモノ、夜討朝駆ニセ議会、囚人《めしうど》タタキ虚《にせ》協定」。落首めいたこんな口遊びが、いま僕たちの町でささやかれている。「夜討朝駆ニセ議会」とは、三月二五日、早朝一時間半くり上げて、東電職員に独占的傍聴をあたえたり、三月二九日、午前零時四五分に抜打ち開会した議会のことをいうのだ。いずれも機動隊を配置し、二千数百人の市民との間に激突がくり返された。「囚人《めしうど》」とは、その直後県警が刑事二〇〇人を動員し市民六〇〇人を取調べ、二人を起訴した刑事弾圧事件をさしたものである。「タタキ」とは、六月の中頃新聞記者が殺された。あわてた市当局は六月二八日暴力追放の市民大会を開いた。皮肉なことには、その翌日再び殺人事件が起こった。公害という組織的大量暴力が存続する限り「タタキ」はいくらでも起こるという市民の鬱憤である。

「虚協定」とはいうまでもない。公害防止協定をさす。この落首の出典『建武年間記』の一節を借用するなら「京童ノロスサミ、十分一ヲモラスナリ」で、これは市政不信の一端に過ぎない。

〈一九六九・九〉

「革新」誕生

一月一九日（一九七〇年）渡辺彦太郎氏が富士市長に当選した。このことは、公害の追放を念願するわたしたちにとって、心から歓迎すべきことである。富士市に革新市長を実現させることは、富士市民だけでなく、富士公害に重大なかかわりをもつ隣接一市四町の共通の念願であって、それらの人びとの支援と協力なくしては、「革新」市長は誕生しなかったといってよい。公害は、革新自治でなくては追放されないことを、わたしたちは全国に見られる多くの先例と、斉藤市政によって学びとっていたからである。

しかし、この革新市政は簡単に誕生したわけではない。革新政党間の思惑とエゴイズムによって、住民のエネルギーが分断されるという無駄な手間がついやされた。それにもかかわらずこの勝利をかちとることができたのは、「革新」への住民の期待が、動脈の硬化した既成革新政党に向けられたからではなく、「革新自治」にあったからである。

大昭和のゼニの放射能が、市民の心のひだまで犯しているこの町で、こうしたエネルギーが噴出したことの意味は大きい。わたしたちの公害追放の運動は、こうした中で新しい局面を迎えた。

既存公害の追放と、富士川火力の建設阻止は、わたしたちが掲げてきた二大目標である。このことは、経済優先の地域開発を認めるかぎり、公害の追放と予防は不可能であるという一つの立場で統一されていた。

六〇年代の日本の公害は、高度経済成長をめざした全国総合開発計画にあったことは、何人も疑うことはできない。六〇年代の富士の公害は、重化学工業化と田子の浦港の築港（静岡県第六次総合開発）によって激発したことも否定することはできない。経済第一主義の地域開発は、自然を破壊し、共同体を解体し、人間を疎外した。このことは、これまでの地域開発が経済第一主義であったからだけでなく、計画の策定に住民の参加が拒絶されていたためである。そこで、地域開発（都市化）の主体が、企業から住民にかわらない限り公害は防げないという意味で、これからわたしたちの公害反対の運動は「都市計画への市民参加」の性格を強めなくてはならない。

富士川火力問題はいちはやく「革新」市長渡辺彦太郎氏がいうように、天然ガスを使えばよいというふうに単純化して論議されてはならない。電源開発は、人間にとって住みよい環境を保証する地域開発構想の中ではじめて日程にのぼる問題である。もし、経済第一主義の地域開発計画を前提として、単に「無公害だからよい」という発想で、火力の建設をゆるしたならば、その後は産業の論理、資本の論理に従って、富士市のみならず東駿河湾地区一帯は、秩序のない工業化が押し進められ公害を激化することは明らかである。

電力不足ということが火力の建設を正当化す口実としていわれてきた。もし火力ができなければ、住民の日常生活が暗黒化するような脅迫が行なわれた。これは、まったく資本の論理による脅迫であった。企業の代弁者であった前市長の斉藤滋与史氏が、この論理を建て前としたのは当然であり、これに追従したのが富士市議会であった。わたしたちはこの資本の論理のギマンを、人間の論理で破らなくてはならない。

かりに、富士川火力問題で富士市議会が形式的な了承をとりつけ、いまや県段階に移ったという口実をもってしても、わたしたちは住民の意志において、これを白紙に還元させ、新しい地域開発構想をかかげて建設阻止運動を進めなくてはならない。

富士公害の特質は多面性にある。大気汚染、悪臭、騒音、水質汚濁、塩水化、海岸浸蝕、海域汚染、それに最近急激に悪化しはじめた都市公害がこれに重なり全域にわたって重層化してきた。これが一時も休止することなくわれわれの日常性をはく奪している以上、防止の対策は同時に進められなくてはならない。大気汚染に目を奪われて、他の公害対策がなおざりにされてはならない。昨年五月以来、市と企業が結んだ「防止協定」は、おおかたは大気汚染に向けられ、最近市当局が「イオウ酸化物、全体に昨年よりやや少なくなる」と発表し「企業が低イオウ重油を使用しはじめた効果と思われる」という一方的な見解を出した。(「広報ふじ」No.58、二月一〇日号)これなどは、公害を「大気汚染」に限定し、そこにあらわれた短期的な現象を一般化し、富士川火力の建設を正当化しようとする反市民的な意図といわなくてはならない。

わたしたちは、単一の公害によって日常性を奪われているのではない。複合化した公害の累積の中で、くらしと健康を犯されているのである。当然既存公害の追放については大気も、水も、騒音も、悪臭も同時に排除する根本的な対策を、企業と自治体に要求しなくてはならない。「革新」市長渡辺彦太郎氏が、いち早く「天然ガスなら富士川火力の建設にあえて反対しない」などと放言するのは、公害を都市問題、人間の存在にかかわる問題としてとらえていない証拠である。

わたしたちの運動は、現代の都市と文明について、その最も深い病としての公害を告発することによって、人間のための都市とは何かと問うているのである。そのためこの運動は、市民総学習を目ざした文化運動でなくてはならない。思想と論理の貧しさを、声の大きさでごまかしてはならない。士民士語による対話をひろげることによって運動の輪を広げなくてはならない。

運動の進め方について

(1)公害は人権の侵害であるから、絶対に反対しなくてはならない。

(2)運動は学習である。いざという時の大衆動員は、日常の学習活動によって準備される。職場と地域で学習会をはじめよう。

(3)学習によってなかまを拡げよう。一人ひとりがこまめに動いてその世話役となろう。

(4)機関紙を発行しよう。定期的に機関紙を発行して、公害情報、資料を市民の手元にとどけよう。反公害の住民運動は言論でたたかおう。

(5)会員組織にして会費を集めよう。資金カンパにたよっていては長期のたたかいを支える財政はまかなえない。自腹を切ることによって参加の意識は高まる。

(6)事務局を強化しよう。

(7)当面の活動について

1富士市長の公害追放姿勢をたしかめるため市民連合と市長との会見をすみやかに実現しよう。
2国際公害会議に出席する内、外研究者、学者の富士公害現地視察を成功させよう。（三月一三日）
3三月二九日（日）記念集会を開こう。昨年同日、富士市議会は深夜議会を開き、いわゆる「議場乱入」という事態を誘発した。このことの意味を学習し、今も一部で流されている「市民協暴徒論」に反撃し、三月三〇日第五回公判への支援と、新しい運動のきっかけにしよう。

大資本と対決し公害を追放することに、政治生命をかけると市民に誓った市長が、わたしたちの町に誕生した。これは住民運動の初歩的な勝利であり、わたしたちはきわめて貴重で重大な契機をとらえた。これを完全な勝利に定着させるのは、わたしたちの運動が厚味と幅をもって市民の中に根づく以外にない。

内之浦から打ち上げられた国産衛星は、五回目に軌道に乗った。しかし、わたしたちの「革新衛星」は、試行錯誤的な実験をくり返すわけにはいかない。まだ軌道へ乗ったわけでもない。これを軌道へ乗せるためには、二つのことが必要である。一つは渡辺彦太郎氏が日和ることなく、「革新」の原則を貫くことである。一つはわたしたちが衛星の行方をきびしく監視し、時に軌道修正の役割をはたすことである。

富士市における保守の王城は崩れていない。「革新」はまだ未熟児である。

〈一九七〇・二・一八〉

一九七〇年夏

駿河湾のさくらえび漁は湾内で六〇統に制限されている。大井川港は一六統、由比港に四四統、漁船総数一二〇隻、漁民一、二〇〇人というまとまった漁撈集団である。春秋二季操業時間を厳重に仕切って出漁するのがならわしである。今年（七〇年）の秋漁は例年より半月おくれて一〇月一七日から始まる。由比港では春漁が終わった六月に、港の周りに陸揚げした漁船のシートを、解禁の数日前にいっせいにはずして出漁準備に入った。ペンキの塗り替えや大きな修理を必要とするものは月初めから作業をしていたが、三五馬力五トンの漁船群がシートをはずしたとき港の風景は一変した。海福丸・高由丸・大政丸など私には見慣れた船体の装飾がなつかしく感じられた。

夏の間、何回も船を出そうと話が持ちあがった。ヘドロの外洋投棄が秋まで引き延ばせたらこっちの勝ちだというようなこともこの船の周りで話されたものである。しらす船曳き網の小舟では、海上デモも投棄阻止の実力行使もぎんが利かないのだ。さくらえび漁船六〇統一二〇隻は、駿河湾水軍の主力船団として、彼らはこの総力を異臭の田子の浦港に突入させることをどれだけ待ち望んでいたかわからない。

その緊迫したさなか、船団はシートに深くおおわれて陸揚げされていたのだ。彼らのヒロイズムとロマンチシズムは、九月一六日外洋投棄が事実上中止になったときは、崩折れた感じだったが、それはけっして安心感につながらなかった。事態は外洋投棄が中止されたというだけで、ヘドロのたれ流しは改まらない。企業は二〇％浮游物質（ＳＳ）を除くといった。しかし泡だけ消した異臭の赤い廃液はいつもと変わりなくねばっこく淀んで海へおし出されている。

狂った夏の政治劇の終わりに、はたしてこの海でくらしを賭ける秋漁がつつがなく始まるだろうかと、漁民たちは重い鉛のようなものを感じていた。四カ月ぶりにペンキの具合や、漁具、エンジンをいとしむように点検する彼らは、もともと底抜けに明るい男たちだったから、しゃがれた大声で今夜清水へ足をのばすまいかとそんな話に興じたりしたが、やはり数日後の秋漁の出来不出来は気になることだった。「やるときゃ一発だ」「あんなもんじゃねえ」そんな激しい言葉も出てくるのだった。「あんなもんじゃねえ」というとき、一人の例外もなく富士市の議場へ乱入した昨年三月の鷹岡事件を思い起こす。それはいつまでも彼らに栄光とともに憎しみを思い出させるたたかいとして記憶されていくことだろう。

昭和四四年三月富士市の定例議会は三月二五日で終わるはずだった。その日、私たちは議場へつめかけた。九時開会と公示された時刻は、にわかに一時間半繰り上げて開かれた。開かれたとき傍聴席は東電関係の職員で占拠されていた。二〇〇人の警官隊と数百人の住民は激突した。その混乱の渦に密着するように派手な数本の大漁旗がついて動いた。二〜三〇人の、しかも婦人と老人ばかりのかたまりであった。

小柄だが肩幅の広い老人——それが由比港の副組合長海福丸藪のおやじであることはあとでわかるのだったが、彼は大漁旗を抱え持つようにしてそのかたまりの中心に立っていた。太い眉毛の老人だった。混乱のなかで朝駈けの議会が開会不能に終わったとき、老人は私にいった。「おらぁ由比港の漁師だが、あんなことじゃまだだめだ。ええ若ぇ衆らが、ごぼう抜きされるようじゃやけんかにゃ勝てねえ」

議場のなかで警官隊は市民を一人一人手荒く引き抜いた。老人はそれが無念でたまらなかったのである。

「今日、おらは年寄りと女どもだけできたが、由比港にはいきのええ漁師が八〇〇人いる」。そういうと「今日はこれでおしまいずら、帰るぞ」と老人は富士市の議場である鷹岡公民館から立ち去った。

由比港の漁民が火力発電所の建設に根っから反対したのは、すでに製紙パルプの廃液で汚染されている田子の浦が、さらに温排水で荒廃することをおそれたからである。この海にしか棲息しないさくらえびの産卵場は、火力発電所が計画された富士川河口の沖合いにあたる。

そこにもし日量三五〇万トンの温排水が放流されたなら、環境要因にきわめて狭い耐忍限界しかもっていないさくらえびの幼生が、はたして生きつづけるかという疑念は彼らの狩猟経験と、東大海洋研究所の大森信博士の研究などできわめて自然に思い出されることだった。それだけではない。油槽船からの油漏れは海上作業を危険にさせ、さくらえびを異臭魚にさせる憂いもある。しかも漏れて海面に漂う油は夜間青白い光を発し、光をきらうさくらえびの漁獲を皆無にさせることもありうる。

彼らはこうした疑問を列挙して東電沼津支店に申し入れたが、それについての回答はついに手にすることはできなかった。「企業家や政治家たちは、漁師を虫けらぐらいにしか考えていない」といまもなにかの折に怒りをこめて吐き出す。たしかに東電がそうであったように、大昭和の責任者たちも漁師を「虫けら」同然と蔑視してはばからなかった。「虫けらには虫けららしいたたかいがある」と彼らが居直ったのは、なにもヘドロ公害が噴き出したときがはじめてではなかった。

翌日、私たちは東電火力の建設阻止のデモを富士市の街頭で行なった。副組合長藪のおやじの証言通り、由比港から八〇〇人の漁民が参加した。富士・富士宮市・隣接二町三、〇〇〇人を越えるデモのなかに、由比の漁民が大漁旗を林立させたのは当然であるが、彼らのいでたちが黄色いタオルの鉢巻きと半長靴で統一されていたのは、それによって集団の意志を鮮やかに示そうとしたためであった。

ふだん、色物のタオルなどけっして身につけない彼らが、このときに限ってそうしたのは、たまたま四月三日の伊豆大瀬神社の祭礼用に配られていたからである。漁師にとって年一度の大瀬詣は、海神への厳粛な祈願の日であり、天下御免の無礼講の日でもある。火力反対のたたかいはその前夜祭として彼らを鼓舞した。

一日休会した富士市議会はあと二日に迫った会期中に、火力の建設を承認しようとして、三月二八日機動隊三〇〇人の出動を要請した。この日も由比港から八〇〇人がやってきた。三月の終わりといえば春漁の最盛期である。一晩の出漁で「一時千貫《いっときせんがん》」の水揚げをする彼らが連日休漁することを余儀なくされればされるほど、戦闘者として怒りは深まった。機動隊と触発するばかりの至近距離で、彼らは怒りと憎しみをユーモアに転化しながら「権力」をときどき滑稽化した。滑稽化することで軽蔑した。

傭兵隊と自前の狩猟者の生き方のちがいがこのときほど鮮やかに対比されたことはなかった。「服も靴もヘルメットも官給品なら、お前えらの顔も官給品だ。ええ若え者《もん》がよう」。そんなふうに彼らは無表情な機動隊をあじった。

しかし、議会は二度阻止したが、その日も勝利感が湧かない終末だった。ひまつぶしをしてここまできたからには、彼らはそのことの代償をからだではっきり受けとりたかった。「市長でも議長でも東電の社長でもいい、かっこいいことぬかし、おらを虫けら扱いする奴らを一発がたくりたい、またいつでもくるぞ」といって引き揚げだが、漁のことが気にならないはずはない。

その晩、すなわち三月二八日の深夜、富士市議会が開かれるという情報が、夜中の一一時半ころどこからともなく流されてきた。由比港にも当然知らされた。完全武装の機動隊は四〇〇といわれた。三月二九日午前零時半、議場前広場では富士川町、富士宮の市民をまじえて機動隊との小競合いが始まった。零時五〇分、議場では開会のブザーが鳴った。闇を縫う機動隊のサーチライトに黄色い鉢巻きの大集団が色鮮やかに浮き彫りされたのはそのときである。身に寸鉄を帯びない漁民団から咆哮があがると、あとは激しい物音と機動隊に雪崩れこむ人影が渦巻いた。ジュラルミンの楯の壁が切り崩され議場ロビーの窓ガラスが飛び散る。機動隊の指揮車のタイヤは空気をぬかれた。

議場では零時五五分二二秒経済委員会の委員長報告、五六分三二秒建設委員会の委員長報告。五七分一五秒、鉄パイプで固く鎖した議場の扉がおし開かれ、群衆は一気に議場へ雪崩れこんだ。逃げまどう議員めがけて椅子が弧を描いて交差する。開会わずか七分で富士市議会三月定例議会は霧散した。

漁民と市民とが共同戦線を張った武闘は、きわめて短時間で終わったが、修羅場化した激突の余燼はいつまでもくすぶりつづけた。市長と議員は闇にまぎれていず方へか姿を消した。漁民たちは吉良屋敷へ討入った義士の故知にならい、議場の隅々まで探索した。そのとき思わぬ勝利品を彼らは手にしたのである。折詰めの弁当と一升びんの山であった。おそらく機動隊のために議会が用意した夜食であろう。発見者の喚声でそこへ駈けつけた狩猟者たちが、折詰めを肴に勝利の美酒をくみ交わしたのはいうまでもない。

静岡県警察本部はこの鷹岡事件について特別捜査本部を設け、刑事事件に名をかりて住民運動の弾圧に乗り出した。捜査員二〇〇名は二市二町にわたって約三ヵ月間、六〇〇人を出頭させ指紋と足形と調書をとった。連日呼び出しがかけられた由比港では五月いっぱいで終る春漁はほとんど出漁がとどこおった。「陸《おか》でもめごとがあると、海では不漁がつづく」こうしたことが漁民のあいだではいい伝えられている。それにかかずらって出漁できないからではなく、不浄の祟りで海神の怒りに触れるからだという心情である。

彼らは海を不浄化す者に激しい怒りと憎しみを持つ。それがただちに生活権の侵害につながるからだけではない。土足で座敷に踏みこまれたときの怒りをそこに感じるのだ。釘一本海へ捨てるな、梅干の種一つも海へ落とすなとは海神の祟りをひたすらおそれる彼らが先祖から教えられてきたタブーの一つである。

火力発電所が温排水で海を汚染し、紙パルプ産業がその廃液で海を死滅化すことへの憎しみと、日ごろから不浄者として忌避されている権力が警察手帳をつき出して女房子どもまで辱かしめたそのことは別のものではなかった。

いまでこそ漁場争いのけんかは少ない。世間の人ともけんかはしなくなった。しかしそうしたときいつも勇敢な武闘者であった彼らも、岡っ引きの目だけはおそれる男たちだった。権力を恐怖する気持ちは彼らも人並みに持ちあわせていた。しかし鷹岡事件は警察が国と企業の傭兵であることを知らせた。恐れるよりも敵視し、敵視する以上に滑稽化してあからさまに蔑む相手であることを教えたようだった。

鷹岡事件がちょうど一周年になる今年の三月二九日、私たちは記念集会を開いた。「富士公害反対、住民運動弾圧三・二九記念集会」といった。住民運動への弾圧はあの鷹岡事件を理由に私たち市民協議会から二人を起訴し、そのときまでに三回の公判が行なわれるというかたちで進められていた。公判には漁民のだれかが必ず顔をみせていた。「わしらが、うなぎを獲ろうとしてもし川へ毒を流せばあっというまに手が後ろへ回る。しかし、川と海へ毒を流しても会社に限って手が回らねえ。おかしい世の中だよ」。彼らはおかしいと疑って判断に迷っているのではない。世間の常識でおかしいものが、法では少しもおかしくないことに怒っているのだ。

火力発電所の建設を阻止する私たちの運動は、うとましいいやがらせや弾圧のなかにあって、「東駿河湾地区市民連合」として三島から由比にいたる広がりをもつようになっていた。この日の「記念集会」は市民連合が主催した。由比港からは組合長がかけつけて「今日わしらはこの陸上集会に呼応し、海上デモを田子の浦港にかける」と宣言した。警察はいつもつきまとっているが、いまは去年のようなこともなく春漁の最盛期を迎えていた。漁は休めない。陸上集会に参加できなかった彼らの思いは、その日出漁時刻を二時間も繰り上げて漁場へ向かう途中田子の浦港へデモをかけようというのだった。

私は、港の突堤で藪のおやじたちと西の海からそこへ迫進してくる船団を迎えた。私たちの前には紺青を奪われた異臭の海がひろがっている。七〇になる藪のおやじは、この海で荒々しい自然に挑み、どんなに挑んでも手も足も出ない大きなものに下駄をあずけて生きてきた漁師だった。

遠い西の海に船影をみかけたが、ここに近づくにはまだ時間があった。彼はこのあたりの漁場について私に語って聞かせるのだ。「伊豆の大瀬から由比沖までに定置が一〇統以上あったのはひとむかし前のことだ。いまじゃ寺尾・西倉沢と大瀬の三つしか残っていない。いくらこの海が深いといってもヘドロのたれ流しをこうやられては、底魚は全滅し回游魚は道をかえる。定置はお客さんがくるのを待つ網だから、いちばん先にやられたのだ。陸《おか》の者にはわからなかろうが、これで海には一つ一つ名がついている。富士川の向う岸のちょうど沖合いが」と老人は、それあれをみろと私に教える。「大窪ノ瀬、蒲原軽金の真裏の海が堂ノ前、その西側《にしつかわ》が金六淵、そして小金ノ瀬といってな、どこの瀬どこの淵にはいつどんな魚が集まるか、海の色、波立ちの様子で、わかったもんだ」そんなふうに老人は話す。

　私はそれを栄光のむかしをなつかしむ詠歎とはとらなかった。そう話している間も赤く淀んだ廃液を二四時間操業で流しつづける企業への怒りと感じた。四五統九〇隻の漁船団は、薄暮のなかに漁灯を点して港に近づいた。老人は、だれより早く自分の持船「海福丸」を探し出した。

　この日も私服が何人か張りこんで「無届けデモ」だといいがかりをつけた。「なにをいうか。自分の畑を歩いてる百姓に、警察はいちいち無届けだといってけちをつけるのか。海はわしらの畑、船はわしらの持船だ。岡っ引きがいくら文句をつけようとも、海の上じゃ手も足も出まい」。鷹岡事件以来警察の正体を見ぬいた老人は、昭和元禄の岡っ引きを相手にしなかった。

　地元田子の浦の漁民が奪われた海を前に異議の申立て一つしないふしぎな事態を、だれよりも早く見ぬいていたのは同じ漁師仲間であった。田子の浦では年間二二〇万円、一人あたりにすれば二万なにがしかのはした銭で、抵抗するより安楽死の道をおしつけられていたのである。それは、兼業化へ追いこまれた漁民のあわれさでもあった。ここの漁協は土地出身の県知事が組合長だったり、漁業と

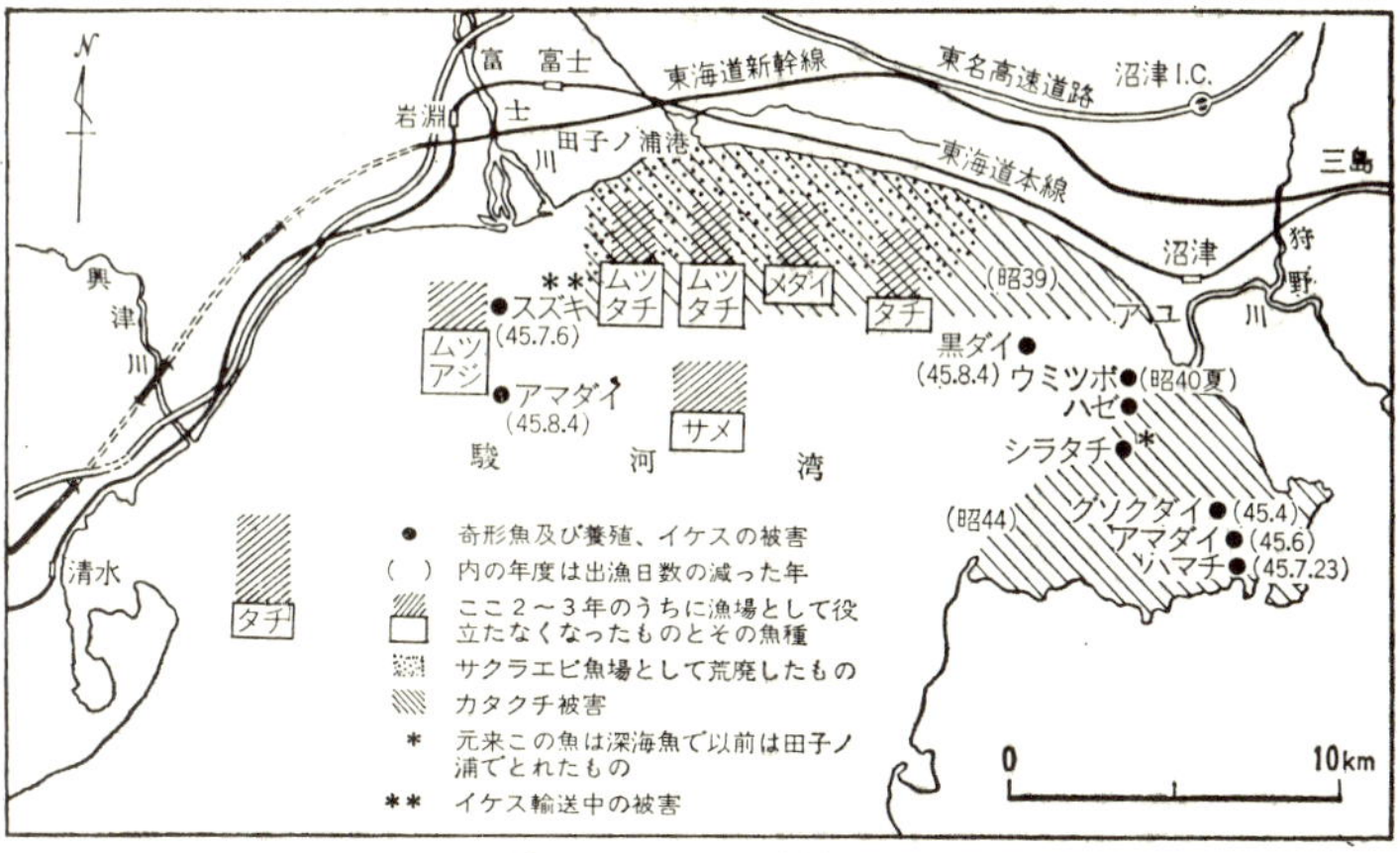

汚水の影響――漁業被害図

注：「富士地区公害の現況」東大都市工学大学院，1970年9月

関係のない材木屋のおやじが県会議員だったというそのことで自動的に組合長になるという事情のなかに、漁民が落ちるゆく先はきまっていた。補償金なら会社からいくらでも取ってやるぞと、胸をたたいたとき企業への無条件降伏書は調印されていたのである。

田子の浦といえばむかしはきわめて戦闘的な漁民の集団であった。けんかに強く漁がうまいというそれだけで駿河湾では漁師の格づけがなされていた。狩猟者としての際立った戦闘性と、だれよりも多い漁獲をみごとにやってのける、そのことで海域での栄光があたえられる。由比の何丸、静浦の何丸、そして戸田港の何グループというふうに駿河湾漁民史に刻みこまれた戦闘的狩猟者の物語は、いまでも漁民たちのあいだで語られている。田子の浦もかつてはそうした個性を生み出した精悍な漁民の母村だった。

しかしこの海域の汚染は、すでに昭和九年に問題化していた。それから昭和一六年、二六年、三一年、三七年、四四年一二月と、海域収奪の軌跡をたどるとき、私は昭和三四年一二月三〇日水俣病患者家庭互助会とチッソが取り交わした補償金の契約書と、古河市兵衛が渡良瀬川沿岸住民と結んだかずかずの契約書のスタイルと発想を思い出さないわけにはいかない。いずれも徳義上の示談金か見舞金であり、企業の責任は問われることなく繁栄論のなかへ解消されている。

田子の浦の漁民が昭和九年以来富士地区製紙関係者と取り交わした漁業補償の覚書きも足尾から水俣へと引きつがれた軌跡の延長上に位置づけられている。昭和二六年大昭和製紙以下九九社の製紙業者が、漁民におしつけた覚書きは次のように書かれている。

「工場トシテハ工場排出汚水ガ漁業ニ及ボス被害ノ程度ハ到底判定ガ不可能デアルカラ道義ニ基キ一定金額ヲ提供シ、漁業者ハ工場ニ於ケル浄化装置ノ実施ガ頗ル困難ナル事情ヲ了承シ、汚水ノ流出ニ関シテハ何等ノ異議又ハ要求ヲ為サズ郡下産業ノ発展ニ戮力スルコトニ双方ノ意見ガ一致シ円満解決ヲ見タノデ……」

いったいこの覚書きは、かつて古河市兵衛や江頭豊が渡良瀬川と水俣の民につかませたものとどこがちがうであろうか。このような企業の論理は、昭和四五年夏のヘドロ公害で一段と増幅されて政治をも振りまわしていたのである。田子の浦の漁民がこれを握らされたのはみずからの意志というより、もともと非漁民だった親方たちの政的治選択であったことはいうまでもない。

しかしこれを手にさせられたそのときから彼らは駿河湾における狩猟者の戦列から脱落していかなければならなかった。一つの漁民集団の脱落は、企業者たちに悪行を正当化す口実をあたえた。

狩猟者としての駿河湾漁民の伝統と心意気は由比港、静浦、戸田、大井川等に生きつづけている。根っから海の狩猟者である彼らの嗅覚は補償金の陥穽を鋭くかぎわけ、紺青に光る黒潮に乗って四季おりおり回游する魚族の到来を神秘的なまでに信じている。その神性は何者からも冒されてはならない。何代もそのように受け継がれた信仰が狩猟族としての彼らに誇りをあたえてきた。

由比、大井川といえばさくらえび、静浦といえばいわし捲網、そして戸田港は遠洋、近海、沿岸の三本立てを誇る漁民である。大昭和がヘドロの港田子の浦と戸田港の間に観光用のフェリーボートを就航させようと画策したとき、寺銭に目もくれず「不浄者を入れるな」と村議会の議決をもってこれを挫折させたのは戸田港であった。

昭和四〇年一〇月七日アグリカン島付近で起こった海難は、日本漁船海難史上もっともいたましい事故であった。戸田港では所属の漁船二隻を失い、漁船員七四名の犠牲者を出した。彼らはその痛根をいまも心に刻んで海へ出る狩猟者である。安政元年（一八五二）下田港に停泊中の露艦ディアナ号はおりからの大地震による津波で大破し、その修理のため戸田へ回航中沈没した。救助されたプーチャチン提督以下五八五名の乗組員を厚くもてなし、代船建造に村を挙げて協力したのはこの村人であった。日本の近代造船技術のともしびはそのことによってこの地に掲げられることになる。この村の漁民が漁民であることを誇りとする心情にはこうした歴史がある。

私たちは八月九日田子の浦港の富士埠頭で「ヘドロ公害追放・駿河湾を返せ」の沿岸住民抗議集会を開いた。完全無処理、完全たれ流しを地域の繁栄にすりかえた企業の論理に人間の論理で立ち向かった怒りの集会だった。ことの次第は港湾機能のまひなどというちっぽけな問題ではない。駿河湾の死滅にかかわる危機であった。人間として生きようとする者たちへ、船方、馬方、土方たちよと限りなく蔑んできた暴力がいまそこをまかり通ろうとしている。

大昭和が富士市代表を僭称して都市対抗野球に市民を巻きこみ、公害への関心をそらそうと狂気していたころ、私たちはこれら誇り高い狩猟者たちとこの集会への準備を進めつつあった。この日まで私たちと一面識もなかったはずなのに湾内の漁民がこのことに呼応した論理は歯切れがよかった。相手がだれであるかを狂うことなく見定めていたからである。

この集会を追いかけるように開かれた県漁連のいわゆる「純粋な漁民大会」が、沿岸の住民を排除した政治的な配慮にくらべたなら、狩猟の実戦者たちのほうがはるかにことの本質をかぎわける直観と純粋性があった。

八月九日の住民抗議集会は漁民、内航船関係者、沿岸住民を一体化した。駿河湾でははじめて一四二隻の水軍が組織され四、二〇〇人がヘドロの港に集まった。そして大企業四社と静岡県知事を告発する。「告発」という言葉は日常語としてまだ定着していない気風のなかで、三、七一九人の住民、そのうち一、八四一人の漁民が告発人として署名したのはなにを意味するであろうか。山中総務長官が、田子の浦港のヘドロ公害の解決は全国のモデルケースにすると言明したのはその翌々日である。静岡県知事竹山祐太郎氏は「漁民の反対を承知でヘドロの外洋投棄をする」といい、副知事永原稔氏は「実力で妨害すれば公務執行妨害で排除する」といい切ったのはそれから数日後であった。

八月九日を起点として駿河湾に広がった潮騒いは八月二九日には県漁連の「純粋な漁民大会」を開かせ、その後神奈川、千葉、茨城、福島、山口、徳島へ連鎖反応し、一〇月八日「公害絶滅全国漁民総決起大会」へとふくれ上がっていく。八月二九日の「純粋な漁民大会」に水俣から一人の漁民がやってきた。「怨」一字の喪旗を携えた彼を、「県漁連」という政治集団はつめたく拒絶したが、なかまとしてあたたかく迎えたのは由比港であった。

その日デモ行進の先頭に由比港の婦人が立ち、屈強な男たちはその後につづいた。隊列の先頭は銛をかざして大政が歩いた。水俣市民会議の怨念の喪旗は由比の男たちがかざし持った。水俣の漁民を抱えこむように進む由比集団が、会場を出てまもなく鈴川浜町の通りにさしかかったとき、大政は道端に腰をおろしている一人の漁師をみて声をかけた。「われや、どこの漁師だ」男は腰を上げた。「漁師なら、乞食のように道端へ坐ってなんかいないで、これを持て」と銛をつきつけた。サングラスをかけ、ゴム草履をつっかけ、手拭いの鉢巻きさえしたその男はつくり笑いをして後ずさりした。「よくわかったな」と男は小声でいった。「馬鹿野郎、私服か漁師かそんなことの見わけがつかなくて、生きた魚がつかまえられるか」。大政に正体を看破られた富士警察署の「私服刑事」は、手拭いの鉢巻きをとると、小走りに近くの路地へ姿を消した。

かたく鎖した大昭和鈴川工場正門の鉄柵は、デモ隊で打ち倒された。構内には作業服の労働者が二〜三〇人機動隊がよくやるスクラムを真似て立っていた。「恥ずかしくないか、そのざま、女房子どもにみせてやれ」漁民から罵声が飛んだ。ふたたび大会会場にもどった漁民は、県漁連の役員から選ばれた実行委員が、紙業協会と交渉した結果の報告を聞いた。実行委員長が演壇に立つと「わかった、わかった」とやじが出た。その内容は大会前に印刷されて一部の組合に配布されていた。ゼロ回答をあらかじめ予想し、印刷物にしてまで用意した県漁連の手回しのよさは「戦意の放棄」として由比の漁民の間では知れ渡っていた。「やるときは、一発だぞ」大政は体を乗り出してそう叫んだ。

台風一八号は東へそれたといっても夕方から田子の浦の沖合いは高いうねりが動きはじめた。私はこの日一緒だった映画監督の土本典昭さんと、さくらえび船長会長の伊之助さんの小舟へ乗って由比港へ向かった。しらす船曳き網の小舟は、うねりの谷と嶺の間を右舷一五度に傾きながら翻弄された。私たちは背中に横波のしぶきを浴びながら、舳先きで風に向かって歌う若い漁師の歌を聞いていた。もう闇に近い海だった。「ことのなりゆき次第じゃ、こんどわしらの相手は県漁連かもしれねえよ」

と伊之助さんはそういった。

八月二九日の漁民大会でデモをかけられた大昭和鈴川工場は、それから、二〜三日すると、それまで腰高だった正門の柵を、身丈けを越す高さの頑固なものに取り替えた。そのときいっきょに東門まで改造した。東門の柵は先を槍の穂先のようにとがらせた。沼川の排出口のあたりには、夜間照明の装置まで取りつけた。

九月二〇日の外洋投棄は、「わたしの政治責任で実施する」と静岡県知事は老政治家の一徹さを少しもひっこめようとしなかっただけに、二〇日を前に空気は険悪の度合いを深めていた。港の入口は老朽船で塞ぎ、大昭和の排出口へは生コンクリを打ち込むとそんな噂がひんぴんと流れた。それはたんなる予測や噂ではなかった。もし知事が、世論に背を向けて外洋投棄を固執するなら、避けがたい事態だった。狙われていることを承知していた大昭和は、敏感にそのことを察知して厳重な警戒をした。

休漁期の漁民たちは二〇日を前に大昭和鈴川工場のあたりに足を向け、「臭え会社だ。きたない会社だ、ドブ川だ」とそこで働くだれかれにもわかるようにいったりきたりした。鉄柵の仕事は、会社の幹部から言い渡されたには違いないが、いそいそとやっている労働者をみて、あれは強制収容所の捕虜かと漁民たちはいった。ときどき長いホースで排出口の泡消しをしている労働者の姿もみかけた。鉄柵と夜間照明と泡消しとそうした作業をしているのが、特殊な階層の人間ではなく、同じなかまと考えられる労働者であることは、労働者への不信感を募らせた。「はじめから敵とは思っちゃいなかったが、敵の手先で働くのは敵と同じじゃないか」そんなふうに漁民はいった。

この会社の労働組合の幹部は、公害防止に銭をかけて、操業短縮にでもなれば労働者は困る。公害防止もほどほどにしてくれと会社に哀願した。総評といっても、それがどんな団体か、意にも介さない漁民たちだったけれども、公害問題がやかましくなるにつれ財界だ総評だとものを見る視野が広がってきた。彼らは、公害について総評がなにをいったかということも話の種になってきた。東京でどんなことをいっても、ここではわしらを敵に回しているという事実は、どんな論理でも突き崩せなかった。

夏の暑い政治の季節に、ここの会社の責任者は、外国のどこかへ雲がくれしていた。それがいつもの手口といいながら漁民の気持ちを刺激した。外国へいかなくちゃ、自分の会社の公害の始末ができないのか、そんなふうに追いつめられて、いつも矢面に立つのはなんの権限もない紙業協会の専務理事だった。

九月になると由比の漁民の五人に、富士警察署から任意出頭の通知がきた。八月二九日の大昭和デモの取り調べだ。去年の鷹岡事件のときもそうだったので、彼らはその手にゃ乗らねえと、毎日しらす漁に出かけていた。こんどは内容証明の封書がきた。中味は同じだが葉書と封書では受けとる気持ちがちがう。それでも警察なんかにひまっつぶしができるもんかと居直っていると、蒲原警察署から巡査がきた。三度目の正直だ、これで出ないと逮捕状がくる、いまのうちならことはまるくおさまるぞとやさしくいって帰った。

警察がやさしくものをいうときにはわながある。去年の鷹岡事件が思い出される。空っ腹じゃ話もできないからなと、ラーメン一杯たべさせられてうっかり相手の口車に乗せられた。警察よりも県漁連顧問弁護士の一言は、とうとう彼らの腰を上げさせた。静岡新聞は犯人扱いの記事を書いた。

新聞といえば、富士市にある小さな新聞のいくつかはごますり記事ばかり書くものだ。漁業者よりも紙業人口のほうが多いから、漁民のいい分だけ聞くことはないといった。ヘドロの海で泳いでも痛くも痒くもないと書いたのもその新聞だ。ごっそりまとめてお礼詣りをしようじゃないかと、秋の陽射しが濃くなった漁港の岸壁で話しているうちに、九月一六日外洋投棄が延期になった。十月二日、定例の県議会で知事はそれについてこんなふうに弁明した。「国会でも各党から責められたけれど、外洋投棄はやるんだということをいい切ってきた私なんですけれど」それを断念した事情を、いかにも無念さをこめて老政治家は次のように表明した。

「たまたまこれはまったく私は正直にいうと、予想しなかった事件が起こっちゃった。それはご承知のように世界の海洋学者の会議が、これがおんなじ時期に東京で開かれちゃった。その推進役は東海大学の先生だ。私は会ったことはないけれど、新聞でみた。それで私は考えざるをえない。この世界の学者が寄って海の汚れをやかましく論議している最中に、かりに一ぱいでも太平洋へ静岡県のヘドロを捨てた、それはもう、この学者になんだといわれるにきまっている」

「こういう伏兵にあっちゃどうしようもない。国会の論争のほうがよっぽどらくです。世界中の学者とのけんかじゃこれゃけんかのしようがない。そう思ったから意を決して山中大臣に、私はこの際これを強行するということは県だなんだの問題じゃない、日本全体の問題で、政府にどれだけ大きな迷惑をかけるか予想できないんですから、私は政府の立場を考えて、私は知事として強行すべきじゃないと判断に立ったがどうだと相談して意見が一致をして延期することに、まあきめたわけなんでありますす」

県議会の議場からナマでテレビ放送された知事のこの弁明を聞いて、由比港の大政は憤然として私にいった。

「おれゃ、今日からうちの息子に勉強なんかすんなという。東大を出たっていう知事が、この程度の頭じゃ、人間、勉強なんかする必要ねえ。おらぁ、国立尋常高等小学校の卒業生だ。小学校へ入って三日目には朝の一時間目から立たされた。ほかの奴らが鉛筆なめなめ紙へ字を書いているあいだに、おらぁ教室の窓から世間ばっかりみていた。けんかのかけひき、駿河湾の潮の流れ、気象台より確実な天気予報、おれの社会学のほうが優等生の甲よりねうちがあった。県知事や会社の社長らは鉛筆なめなめ字ばっかり書いていたからよ、公害出しても恥とも思わぬ」

外洋投棄は中止された。しかし、ヘドロはあいも変わらず海へ逃げている。「元栓をしめろ、元栓をしめろ」と漁民は叫んだ。「いま流れているのはにごり水です」と企業の代表がいった。「にごり水か毒水か、飲んでみろ、写真さえ現像できたあれが、にごり水といえるか」。企業も県も答えない。

一〇月二日漁民たちはさくらえび技術研究会を開いた。毎年出漁前に東大海洋研の大森信先生を招いて報告を聞くのだが、今年はそれがとくに熱っぽくなったのはいうまでもない。明治以来の漁獲高の移り遷り、今年の駿河湾の潮流や水温の変化、そして幼生から親えびに変わるまでの生態などすべて漁民のくらしにつながっていた。「卵がそこでしか生まれないのは、そこになにかの理由があるからです。それは学問的にまだ明らかにされていないが、もしその条件が変わったとき、さくらえびはほかに移動することができないで滅びるよりほかはない」

原理についていわれたこのことが、現実としての田子の浦でどうなるか。彼らは昭和の初めとそしていま、さくらえびを天然記念物に指定する運動を二回もやっている。漁民の心は暗かった。

一〇月八日の全国漁民大会がその暗い心を吹き飛ばしてくれるとは思えなかったが、かすかな期待をもって東京へ出た。演説や陳情や決議が駄目なことを彼らは知っていた。もしこの大会が海を奪われるということが、そこだけでしか生きられない者にとってどんなものかを身につまされて知らされた漁民の意志で開かれるなら、まず駿河湾では政治と企業の責任をはっきりさせてもらいたいと願った。山中総務長官の公害解決のモデルケースはそれしかないと彼らは期待した。

大会は活気が溢れて怒りが高まった。しかし、静岡県を代表したある組合長の演説は、「格調」は高かったが事実の誤認があった。「大将、中電の原子力発電所の建設じゃ、補償金で漁師を切り崩した親方じゃないか」そんなことが御前崎の近くの漁師からささやかれた。企業の操業停止を叫びつづけた県漁連の会長は、一〇月の初めから外国旅行に出かけて姿をみせていなかった。やり切れないとはこうしたことをいうのだろう。私は演壇と下場のかみあわない断絶を、由比港漁民といっしょに肌に感じた。

政党への不信ははげしい野次となって飛ばされた。駿河湾だけでなくどこでも同じなのだ。

出漁前日は午後から小雨になった。何カ月ぶりかで潮につかった漁船群は秋雨のそぼ降る岸壁で身を浄めおえた若者のように出を待っていた。大政は、すべての点検を終わった持船の舳先きで私にいった。「一に北海カニ工船、二に駿河のさくらえび」。明日は月齢一六・五、秋漁の初日である。

〈一九七〇・一一〉

住民運動は〃憲法〃を恨む

山中総務長官が七〇年八月一一日、「田子の浦港のヘドロ問題は、公害対策のモデルケースとして対処する」と言明したヘドロの処理が、四月二一日（一九七一年）から始まった。処理といっても、港を埋めた一〇〇万トンのヘドロを、富士川の河川敷へ置きかえるに過ぎない。五千トンの運搬船二隻が、港底から吸上げたヘドロを四、五キロ西の富士川の沖合へ運び、パイプで河原へ吐き出す作業である。

この投棄で直接影響をこうむると反対した左岸九町内の住民が、猫にかつお節を投げかけられたような条件で承服させられたのは、二月二六日だった。承服といっても、二次公害と新しい自然破壊への疑問と不安を解消したわけではない。ヘドロの投棄とまったくかかわりのない地元の海岸浸蝕問題や堤防の舗装、屎尿処理場の修理など、かねて県や市がこの地区にたいして当然履行すべきであった一般行政上の約束ごとを、改めてとりつけたというに過ぎない。

日ごろ、行政への不信感が鬱積していた地元では、このときゆさぶりをかけてとれるものはいまだという弱者の論理が働いた。この論理は公害意識とは別ものであったから、一応承服させられたかたちはとったけれど、ヘドロの投棄はできっこないという予測とも確信ともいえる見通しをたてていた。

その見通しは的中した。

静岡県は、三月六日、建設省から河川敷使用の許可をとると、直ちに投棄準備作業にはいった。ヘドロプールの造成、河口沖合の繋船用ケーソン、八〇〇メートルの鉄パイプの敷設、ポンプ船、運搬船の回航など、「公害対策のモデルケース」となるべき歴史的な準備を進め、投棄予定を三月二〇日ごろとしたのである。

作業現場に時折り顔を出す左岸の住民や由比港の漁民たちは冷やかだった。

「富士川の沖合は、三月から四月にかけてながし(南西の風)やならい(北東の風)がふっかけるところだ」、そういって彼らはこの作業の行方を占った。たしかに午後になると沖合の海には白波が立ち、ケーソンの敷設は手間どり、四月一〇日には取りつけたばかりの電気施設が、ながしのあおりで冠水し電気系統が故障を起した。

四月一七日、いよいよ本番という時には、台風3号のうねりでパイプの接合に失敗し、一隻の運搬船はケーソンに衝突して船首左舷に縦横二メートルの穴をあけた。四月二一日の午後、一、五〇〇トン(水分九〇%)のヘドロの投棄がはじめて行なわれたが、ちょうど同じ時刻、風下にある中学校では、一三〇人の生徒がノドの痛みや不快感を訴えるという事故が起きた。

「硫化水素ガスは検知されなかった」と、このとき県や市は発表したが、住民は二次公害への不安を深めた。

その後も富士川の沖合は午後になると波立ち、投棄作業は中断されたままである。四月二六日、静岡県は投棄作業の一ヵ月延長を市に申入れたが、県と地元住民が取りかわした処理期間は四月三〇日までである。残された数日に果してどれだけのヘドロを運ぶことだろうか。

港底を埋めた一〇〇万トンのヘドロは、五千トンの船が底をこするまでにたまり、去年の夏は外洋へ投棄しようとした。秋には港内での移動が計画された。いずれも強い反対で阻止され、窮余の策としてこの河川敷投棄へと三転したのである。まだひと握りのヘドロさえ投棄しなかった四月の二〇日までに、この幻の作業のため約五億円の金が消えていた。

これが山中総務長官のいう「公害対策のモデルケース」である。この作業は公害担当大臣の思惑を完全に裏切ることになったが、静岡県知事竹山祐太郎氏の専制君主的政治発想によって拍車がかけられた。

静岡県知事は、運搬船によるヘドロの投棄に固執した。この方法が最も安全で合理的だという理解に立ったからではなく、すでに昨年の秋外洋投棄用に二億二千万円かけて二隻の運搬船を改装したそのことの政治的面子にこだわったからである。しかもこの計画は、港湾機能の回復という企業的立場からの発想であって、本格的な公害対策や駿河湾汚染防止という考慮が欠けていた。

まず三月と四月の二ヵ月間に、中央航路のヘドロ三二万トンを取りのぞくという計画が何よりもそのことを明らかにしている。田子の浦港における中央航路とは、大昭和製紙のチップ船航路である。富士地区の水汚染、いうまでもなく田子の浦港のヘドロと駿河湾汚染に占める大昭和製紙の割合は、排水量について三二%、SS三三%、COD四九%、BOD四四%となっている（六九年三月、東大都市工学大学院調べ）。この汚染の主な原因者が大昭和であることを見るならば、中央航路三二万トンのヘドロ浚渫作業は、公害対策といわれるようなすっきりしたものではない。

犯罪者救済の措置であって、これほど企業本位の政治姿勢はない。しかもいったん富士川へ投棄したヘドロの二次処理計画と、残留ヘドロ七〇万トンの処理計画は示されていない。たれ流しにたいする規制は、なに一つとられていない。愚公が山を移すときには、簣《もっこ》一ぱい分の土くれは確実にけずられていたが、近代技術を投入したといわれる田子の浦のヘドロ投棄作業は、吸上げたあとからヘドロが流れこむ仕掛けになっている。

しかし、山中総務長官が「モデルケースとして対処する」といったのは、あながち勇み足ではなかったようだ。二月一七日の参議院公害対策特別委員会で、須藤五郎議員の質問に答えて次のようにいっているからである。

「まさに二転三転ということばは田子の浦のために用意されたのではないかという状態が、いま繰返されてきたわけでございますから、私もこれをモデルケース、テストケースとして取上げると言いましたので、テストケースとして処理できないようでは私は公害担当大臣として便々としてその職におられないという気持ちも反面でございます。かといって、自治体の長（静岡県知事）を頭ごなしに指揮するということもなかなかむずかしゅうございまして」「企業にはもちろんこの問題の原因者はあなたたちであるというきびしい態度、犯罪者であるという態度を私はくずさないつもりでございます」（公害対策特別委員会会議録第三号、昭和四六年二月一七日、参議院）

公害はまぎれもなく犯罪であり、公害企業は犯罪者であるという実感は、それによって叩かれ踏みつけられてきた住民のほうが、総務長官より前に知っていた。住民にとってはそれが毎日の暮しだからである。しかし、政府も地方自治体も、そして法も、このことを黙殺してきた。住民運動はそうした政治姿勢と、法の運用にたいする批判または抵抗権の行使として動き出したものであった。

公害企業と政治権力が、どこでどんな野合をしたかということを住民が気づくのは、その結果が私たちの前にのっぴきならないかたちであらわれてきてからである。気がついたときには羽がい締めにされていたという状況のなかから一揆的に私たちは動き出した。

東京電力が一〇五万キロワットの火力発電所を私の町に建設しようとしたとき、コトの次第は隠密に取り運ばれ、火力発電所はこの町を飛躍的に発展させるものだという幻想だけが私たちの前にふりまかれた。幻想は住民を眠らせる。仮眠状態にとりこめられたとき、市議会だけは覚めた意識をもって深夜にコトの決着をつけようとした。

もしこのとき深夜の政治談合を、覚めた目で見破る住民たちがいなかったとしたならば、いま私の町の、ちょうどヘドロ投棄場所の近くの富士川左岸に、毒きのこのような赤白の、二〇〇メートルの高煙突が亜硫酸ガスを吹上げていたことになる。その深夜、私たちが機動隊にからだを投げつけ、政治談合の本丸になだれこんだのは、抵抗権としての住民運動の一つのかたちにほかならない。

田子の浦港は昭和三六年に開港した。そのことによってこの地方は、東駿河湾特別工業整備地域の指定を受けた。「田子の浦港は太平洋ベルト工業地帯の中枢拠点の一つとなり」、「人工の港田子の浦港、おまえは海の彼方へ限りない夢を開き、日本経済の明日を築く港として、私たちの期待に応えてくれる」（静岡県富士臨海地区総合開発事務所編『田子の浦港』）はずだった。

これは巨大な虚構である。現実には、駿河湾汚染の中枢拠点となり、限りない汚水のたれ流しと、硫化水素ガスの発散で、船舶の往来にまで危険が生じ、漁業を破壊し、住民の健康を冒している。港というよりもヘドロの一大沈澱池というべきこの「港」の背後で、土と水と空を占拠する工場群が、お前の町の発展を支えている、公害ぐらいがまんしろ、といわれても私は納得しない。「町の発展」

は私とどういうかかわりあいがあるのか。

「公共の福祉」のために個人を召上げていく論理があるように、「町」とはこの場合きわめて特定な階層と集団である。しかもそのことによって置きかえのきかないものを奪われているのが住民である。

私たちが田子の浦のヘドロを告発したのは、公害企業の犯罪性が「町の発展」にすりかえられた罪状を明らかにするためだった。典型的な公害企業である大昭和製紙ほか三社の社長と五工場長、それに静岡県知事の一〇人を告発したのである。いずれも港則法第二四条、港湾法第三七条、静岡県港湾管理規則第二条の違反行為としてであった。

同時に静岡県知事にたいしては住民監査請求を出した。港湾管理者である知事が、田子の浦港へ大量のヘドロを堆積させ、悪臭、硫化水素を発生させ、住民の健康と沿岸漁民に有害な影響と被害をあたえたのは、港湾の管理を不当に怠るものである。ヘドロ堆積の原因者は明らかであるから、これを除去する費用は原因者に負担させるべきである。知事が、港内で浚渫したヘドロを、港湾区域内に投棄している行為は、港則法第二四条第一項の規定に違反する。この違法行為に昭和四四年度に約一億五千万円の公金を支出し、昭和四五年度に約一億二千万円の公金を支出しようとしていることは、違法かつ不当な公金支出であるから、四四年度に支出した公金は静岡県に返還すべきである——というものであった。

四五年八月九日、田子の浦港の富士埠頭で開かれたヘドロ公害追放沿岸住民大会は、この告発と監査請求を決定し、八月一一日、三、七一九人の告発署名人によって法による公害追及がはじめられたのである。

しかし、そのとき私はもどかしい気持にかられていた。いま私の前にある田子の浦港を見ても、赤いチョコレート色に変った駿河湾を見ても、大昭和鈴川工場の廃液でまったく廃虚と化した沼川を見ても、これはけっして生きた自然とはいえない。毒殺された死屍が、腐臭を放っている酸鼻な光景そのものである。

この明白な犯罪を告発するのに港則法や港湾法などにすがらなくてはならないというのはどうしたことであるのか。

「何人も、港内又は港の境界外一万メートル以内の水面においては、みだりに、バラスト、廃油、石炭がら、ごみその他これに類する廃物を捨ててはならない」(港則法第二四条第一項)。告発の手がかりとして私たちがすがれるのはこれだけだった。一四の公害法が成立したいまでも、コトの次第は変っていない。それでも私たちは、「法」の精神に期待してそこにすがりついたのである。

四人の静岡県の監査委員から、「田子の浦港の管理に関する措置請求の監査結果」が、私たちにとどけられたのは一〇月一〇日であった。この監査委員の一人一人の来歴を探るまでもなく、知事体制に組みこまれたこの制度が、掛値なしの監査をするとは私たちも思っていなかった。

彼らが、知事の罪状の潔白を立証するために駆使した論理が、今年の四月一二日、ヘドロの告発を不起訴にした静岡地方検察庁検察官の不起訴理由とまったく重なりあっていることを知らされたことの方が、私たちには重かった。

田子の浦港ははじめから工場廃液の流入はやむを得ないものと認め、浚渫を行なうことにより、港としての機能を維持する建前で建設されたものであるから「みだりに」捨てたことにならない。艦船往来の危険についても、あらかじめ水深を測定し入港する船に危険を知らせてきたから、「往来、危険ヲ生ゼシメタル」場合に当らない。浚渫のため知事が港内でヘドロを投棄したのは、「移動」であって「捨てる」には当らない。

監査委員もこれと同じ見解に立ち、浚渫費を県が負担したことは、公金の不当な支出にならないというのであった。「おそれ」とか「みだりに」とか、「移動」か「捨てる」か、という字句の解釈に問題をとじこめて、そこにある事実を否認したのは、公害を犯罪として追及することをはじめから避けていたからである。このことは検察官にも監査委員にも共通していた。

もし彼らが本気でそう思いこんでいるとしたならば、生活人としての日常的な感性を欠くことになる。法がそのような感性欠陥者によって運用されている事実を前にすると、私たちの法にたいする信頼感はうすれるばかりであった。

監査の結果を承服できなかった私たちは、住民訴訟に持ちこんだが、ここでも法はかならず私たちを裏切るであろうという予測が先立った。だが、住民の生活の論理と、法の論理とがどのようにくいちがうか、それは証明されなくてはならないことである。

監査委員や地方検察庁の検察官が、公害犯罪についてきびしく追及しない心情傾斜は、けっして個人的な気質の問題でなく、状況的である。そうした状況は一連のものとして成田の強制代執行、北富士米軍実弾演習の再開、石原産業事件、田子の浦のヘドロ公害不起訴などにあらわれているが、これは意図的につくられたものである。つくられたというより政治的な操作である。

一月一八日、当時現職の法務大臣だった小林武治氏は、富士商工会議所の例会に招かれて次の演説をした。

「公害法は田子の浦港を悪くする法律ではなく、ヘドロそのものは漁業にも人体にも影響はない。公害法を田子の浦港に適用すれば、百余の工場が処罰されるので、そうしたことはしない。単独公害で迷惑を及ぼすはっきりしたものには適用するが、富士市のように多勢のものにはしない。公害は犯罪だということで反省を促すのである。

検事は行政官であり、私の下に検事総長があって指揮している。検察官が起訴しなければ裁判にならない。さいきん裁判が左に傾いているように見受けられていることは遺憾である。左傾だと疑問をもたれる裁判官が現在全国に二百人ぐらい居る。

公害法案をやかましくいうのは社共だけだ。工場事業所の無過失責任を認めよ、というが認めれば産業は破壊され、社会生活は成立たない。国民の健康優先もさることながら、事業あっての生活である。而して健康ということになる。

何といっても治安が確立されなければ日本の平和はなく、すべてが破壊されてしまう。一昨年の大学紛争の集団騒動は革命の前ぶれである。現在これらの学生七百人が収容されている。政府が強い意志でのぞめばよい。

社共も全学連も、問題にするものがなくなったので公害を唯一のものとしているが、公害立法は前述の通りであり富士市の場合はけっして心配はない。静岡県の私が法務大臣、検事総長も浜北市の人であり、本県から二人の治安関係責任者が出ているが、これはめずらしいことだ」(『日刊吉原』四六年一月二〇日号)

現職の法務大臣は、いま富士の住民運動がヘドロの告発をしていることを十分意識して「おれにまかせておけ」と、被告企業主たちの前で胸を張り、のびのびと日ごろの所信を述べただけのことである。この一週間あとには、ヘドロ告発の被告竹山祐太郎氏が再選を期して立候補した静岡県知事選挙が控えていた。

現職大臣の発言は重い。その心理的連鎖反応はヘドロの海を泡立たせながらひろがった。

私たちの住民訴訟にかかわる被告大昭和の準備書面が、静岡地方裁判所民事第一部に出されたのは三月二〇日であった。ここで大昭和は、ヘドロ公害についてまったく無関係であると次のように主張している。

「かりに静岡県が汚水排出差止め請求権をもっているとしても、当社に差し止め請求権を行使することはできない。なぜなら当社の汚水排出は一種たる排水権にもとづくものである。この排水権は漁業権と同様に財産権であるから憲法二九条の適用を受けるものだからである。当社は各工場の開設いらい長年にわたって汚水を排出しているが、このような状態は慣行水利権として認められている。汚水の水質を原告側の主張する程度にまできれいにすることには、現段階では経済的にも技術的にも不可能であるから、もし同県がそうした改善を要求するなら当社の排水そのものを停止することになり、当然なんらかの補償がなされるべきである。

静岡県は三六年、田子の浦港建設当時に、たまるヘドロを常時浚渫しなければならないことを十分知っていた。だから同県は港のヘドロを引き受ける義務があり、各工場からの汚水流入を停止させることはできない。

田子の浦港ヘドロ問題については、県は大昭和に費用を負担させることはできない。まず第一はヘドロがたまったのは当社の責任ではない。県は、港に汚泥処理プラントを設けてヘドロが港内へ流れこむのを防いできた。それでもヘドロがたまったのは、このプラントの能率が悪いか、能力が不足しているか、運転の仕方が悪かったからである」

居直り強盗の論理とは、おそらくこうしたものではあろう。私の住む小さな部落に、懐柔と居直りの手練手管をおりまぜて住民運動の分裂を画策しているのがこの企業の体質だから、私はかくべつ驚かない。現職法務大臣に叱咤激励され、ヘドロを埋めこんだ入墨のもろ肌をちょっと脱いだに過ぎない。大昭和ほか三社五工場長が不起訴になったのは四月一二日である。石原産業事件が不起訴になったのは四月二日であった。

小林武治前法務大臣の発想はけっして彼個人の特別な気質から出たものではなかった。すでにつくられつつある状況——「汝臣民、公共の福祉のために土地を召し上げる」、「汝臣民、産業発展のために公害に目をつぶれ」と、急速にひろがりつつある臣民化政策を率直に代弁したまでのことである。公害企業が居直った背景にはこの前大臣のテコ入れがあり、検察官がきわめて事務的に不起訴処分を決定し、監査委員たちが知事の代理者として住民の請求を退けたそれぞれの事態は、けっして個別的なものではなく、一連の臣民化政策のあらわれとして、私たちは暗い不吉なものを予感する。

公害企業とのかかわりのなかから動き出した住民運動が、陳情請願のかたちをとろうと、告発、一揆のかたちを選ぼうと、生きるための抵抗である。人間はだれも同じだ、差別されたらたまらないということに気づいたからである。被害者の立場に追いこまれたからそうなったというよりも、戦後ともあれ私たちを守ってきた憲法が、私たちにそのことを教えてくれていたのである。

一銭五厘のハガキ一枚でうむをいわせずいのちを奪われた時代は滅びた。貧乏人も金持も、子供も年寄りも、女も男も法の下では平等であることに、もはやだれも異議をさしはさむことはできない。「すべて国民は、健康で文化的な最低限度の生活を営む権利を有する」(憲法第二五条)と、もし権力国家であったなら、臣民の境涯から一生ぬけ出すことができなかったはずの私どもに、そのような権利をよみがえらせてくれたのが日本国憲法であった。

臣民から国民になったばかりの私たちである。国民になってみて臣民の境涯を思い出す。私は国民よりも人間でありたい。そのこともまた憲法は保障してくれたはずである。

「国民は、すべての基本的人権の享有を妨げられない。この憲法が国民に保障する基本的人権は、侵すことのできない永久の権利として、現在及び将来の国民に与えられる」(憲法第一一条)。人間として生きることの確実な保障がそこにはあった。

しかし、世の中はおかしくなった。遠い東京のことはわからない。私の目の前では、公害が差別を定着させようと既得権を主張しはじめた。たれ流しは既得権である。これへの異議申立ては汝臣民のなすべきことではない。検察官たちはこの差別化の下請人として、「おそれ」や「みだりに」、「移動か」、「投棄か」の訓詁の書斎にとじこもって、現実に進行している巨大な犯罪の実体に近づこうとしない。

ひと握りのヘドロを始末する前に五億円の金をおしげもなくヘドロの海へ投捨てても、地方代官の政治責任はだれからも問われない。

生き生きと私たちに人間であることの喜びと誇りをよみがえらせてくれた日本国憲法は、ヘドロの海へ投捨てられたのだろうか。

しかし、抵抗するたびに、おれは人間であると、そのつどからだをたたいて自分を確かめてきた私たちの住民運動は、日本国憲法の嫡出子として臣民化を拒絶しつづける。かりに生みの親が、どこかにとりこめられ、不幸にして圧殺されるようなことになっても、私たちは捨子にはならない。

日本国憲法は、嫡出子として私たちを生み落してしまったことを消すことはできない。

〈一九七一・五・七〉

羊頭狗肉の秋

「懸羊頭売狗肉」また「懸羊頭売馬脯」ともいう。

富士市で、二度目の議会阻止が住民の手で行なわれた。

岳南排水路終末処理場の建設に反対する一、五〇〇人の住民が七一年九月三〇日、富士市役所の九階を占拠するかたちで通路いっぱいにすわりこんだのである。その日は会期四日間の市議会最後の日であった。九月補正予算案に組みこまれている共同処理場建設費六億四、〇〇〇万円が審議可決されることになっていた。この議会を阻止し自然流会に持ちこめば、当分の間建設の見こみは立たなくなる。それでも議会が採決を強行して着工に持ちこめば、実力で阻止するとすでに建設予定地には櫓が組まれていた。

共同処理場建設反対同盟は、富士市内の旧三ヵ村、元吉原、吉永、須津《すど》の三地区にまたがるものであった。六月には五、〇〇〇人の反対署名を集め、市議会が近づいた九月一七日には市役所前で一、〇〇〇人が抗議集会を開いている。九月二五日の市議会全員協議会には五〇〇人、九月二七日の本会議第一日にも五〇〇人を動員し、市と議会に圧力をかけてきた。九月二九日の夜は、須津、吉永の二地区で住民大会が開かれた。明日の本番を前にして気勢をあげようとするわけであったが、アジ演説らしきものは一つもなく、二会場とも静かな公害学習会といってよかった。講師に東大工学部の近藤準子氏を招いていた。市や県が一方的に進めている共同処理場計画に理論的な反論をかためようとしたわけである。

九月三〇日の朝、三地区の住民は市役所に向かった。腕章もない。仰々しい旗もない。それらしいものといえば、木綿のさらしに「反対」と一言書いた鉢巻を、町内会の役員らしい者がちらほら締めているだけである。人の流れがさらさらと市役所の中へ吸いこまれていった。議場はマンモス市役所の九階にある。エレベーターで上りきれない住民は、幾重にも折れ曲がる階段をぞろぞろとのぼりはじめた。「阿呆な市役所をつくったもんだ。のぼるに苦労すらあ」と冗談を飛ばす住民たちは、一〇階建てのこの市役所をいつも遠くから眺めている人たちだった。まして九階の議場へは今日はじめてという人たちばかりである。踊り場や各階の廊下の要所にわたしは私服の刑事を何人か見た。

市議会は九時から開かれるというのに、市長派の議員一四人は、すでに八時、手回しよく議場へもぐりこんだが、それが仇になって彼らは午後五時自然流会になるまで終日軟禁されてしまった。二年前、住民の側に立って富士川火力の建設の阻止を議員として呼号していた社会党の旗手、というよりわが市民協の幹事平野康夫君は、いま市長側近第一号ということで、終日市長室にもぐりこんだままいわゆる「大衆」の前にちらりとも顔を出さなかった。

一四人の議員は籠城を覚悟したのであろうか、議場の電灯をうす暗くして、演壇のうしろにうずくまってしまった。傍聴席は反対同盟の青年でいっぱいになった。彼らはそこから一人一人の議員の名を呼び公害査問をはじめたのである。そのなかには春の選挙で反公害の議会活動をすると一札を入れ、この青年たちの支持をとりつけた議員もいる。「なぜ、われわれの税金で、公害のあと始末をしなくてはならないのか。渡辺栄一議員、議員としての見解をのべろ」こんなふうな質問があびせられたが、彼らは演壇の陰に身をよせあって、うす暗い電灯のなかで顔をかくすのにせいいっぱいだった。

この日、やや騒然とした空気があったとするなら、この公害査問が行なわれた議場内だけで、足の踏場もなく占拠された九階の通路はいたって静かだった。誰が指揮し統制をとっているというわけではない。おのずからそんな雰囲気と秩序が保たれていたのである。ときどき二、三の町内会長が、ハンドマイクで情勢を報告する。「市長も議長も、朝っぱらから市長室へもぐりこんだいちら(まま)だ。議場には一四人の議員がかん詰めだ。いまにむすびがくるで、もうしばらく空っ腹がまん願います」、そういうと喚声があがり、ひとしきり拍手が湧く。

通路も議場の入口もかためられているから、「革新」市長も議員も手も足も出ない。しかし、いくら抗議行動とはいっても終日せまい通路で、壁に向かいあっているのは、野良仕事を本業とする「デモ隊」には退屈なことだった。いつしか五人、一〇人と車座をつくって公害談義がはじまる。「ゼニがないから自己処理ができないなんてとんでもねえや。おらん近くの林製紙じゃ、増設までしてらあ」「車は外車を乗りまわし、芸者買いは一段、ゴルフは三段、中小企業だからって、どうして、おいらが日傘でめんどうみてやる必要があるのか」、おそらくこうした話は、ふだん野良仕事のあいまにあぜ道に腰を下ろして語られていたことであるが、たまたまここへ集まってみると、公害談義となって湧くのである。

九階といえば、富士市は一望に見渡せる。あれが大昭和、こっちが大興製紙、黄色い煙を出してるのが旭化成といったふうに、公害現場を鳥瞰図で眺めるようなものである。もちろん公害談義だから、公害を売りものに票をかせいだ市長や議員の品定め、つまり政治談義とうらはらだった。

四時半を少しまわったころ、議会運営委員とかけあっていた代表が戻ってきた。彼は、マイクをとった。「今日の富士市議会は自然流会になりました。これで、議会はおじゃんです」。はじめて猛烈な拍手が湧いた。ひまつぶしをした甲斐があったな、とそんな言葉がささやかれた。「自然流会ですから、共同処理場の予算案は廃案、継続審議もできません。もし、改めて臨時議会で抜きうちにやろうもんなら、そのときはもっとおしかけてぶっつぶそうぜ」また拍手と喚声である。

つづいてもう一人がマイクをとった。「今日、わしらが議会をつぶしたのは、共同処理場の予算審議を阻止するためで、これに関係のない九月補正予算は目的じゃない。この点誤解ないように。ところで自然流会になったとはいえ、五時まであと二〇分ある。うっかりすると抜きうち審議をやられるから、定刻五時までは、いまの態勢をとかないよう願います」。誰一人動く者はない。ヤマ場を越した安心感と、もうひとふんばりだという静かな緊張がつづいた。時計をにらんでいた代表の一人が、「五時だ、もうよかろう」と声をかけると、この日三度目の高い拍手が起こった。それをしおに人びとは廊下を埋めてまた長い階段を下りはじめた。

静かな抗議であり静かな幕切れであった。「団結がんばろう」そんな定型化されたときの声や、代表の「決意表明」もなく、一日の野良仕事のあとのように思い思い散っていった。

終日このなかにいたわたしは、いくつかの車座で「公害談義」と「政治談義」のなかまになった。そうしながらわたしは、ある日のことをたえず思い出していた。

六九年の三月二九日のことであるが、事態はちょうど今日がそうであったように突発的に起こったことではない。そういえば、この七一年九月三〇日は六九年三月二九日から脈絡している一日のように思えた。

　富士市にややまともな住民運動がはじまったのは六八年の四月である。そのとき富士市公害対策市民協議会（市民協）が結成された。この公害重症の町に東電の火力発電所が持ちこまれそうになったのがきっかけになった。いまでもそうであるが、工業化が地域開発であり、公害は必要悪である、「大昭和バンザイ」という思想はこの町に根強い。そのうえ、当時の市長は大昭和の取締役だったし、四〇人の市会議員のうち三十数人は「大昭和自民党」を自称している政治情勢だったから火力発電所の一つや二つ持ってくるぐらいは、いくらでも理屈がつけられた。彼らの地域開発論は、拝火教徒の狂信的な祭典のように、科学や論理、そして人間をまったくよせつけなかった。

　こうしたとき火の手をあげた住民運動は、懐柔するか弾圧するかである。わが「大昭和城下町」では、手っとり早く機動隊で弾圧し、形式的な議会手続きで火力の誘致を正当化しようとした。六九年二月一五日、富士市議会はそうした意図で全員協議会を開いた。市民協を核にしたわたしたちの住民運動が、自治体と物理的な対決を強めるようになったのは、そのときからである。そして三月二九日の深夜議会の乱闘事件にいたるまで、警官隊、機動隊との激突が何回もくり返された。一〇五万キロワット富士川火力発電所の建設は、宙に浮いて今にいたっている。

　わたしは九月三〇日、その日のことを思い出していた。しかし、そのとき住民運動が対決した富士市政は根っからの保守市政だったが、こんどは「革新」市政である。住民運動の主体があのときは革新系労組と一般住民の混成集団であったが、こんどは土民集団であった。しかも、わが市民協がきれいさっぱり客観的傍観者に立つことによって、土民的住民運動の非協力者で終始したのが、七一年九月の富士市における住民運動の変貌であった。

ヘドロといえば、いやおうなしに生理的な汚物を思い起こす。それだけではない。腐臭を発散する精神的状況さえ連想させる。こうしたものの複合体が富士の状況だと考えても現実の認識としては、そうまちがっていない。

ヘドロはこの町の、そして静岡県の恥部であるといった羞恥心で目をおおうとする段階はとっくに通り越していた。そのせっぱつまった段階で捨てて始末をつけるという知恵が思いうかんだが、たれ流しの規制には思いもいたらなかった。昨年一〇〇万トンといわれたヘドロは、いま一三〇万トン、いくら消石灰をばらまいても硫化水素はふきあげる。七二年六月二四日には全国一律の水質規制がかけられる。発生源対策はここにいたって、ようやく日程にのぼったのである。大手一五社一九工場は自己処理、中小企業一一九工場は共同処理というのである。ことは行政のペースで、すらすらっと運ぶかと思われたが、伏兵のような土民的住民運動で立往生した。

岳南排水路の終末処理場の建設——正確にいえば「特定公共下水道岳南排水路事業・第二期(後期)計画変更計画」がわたしたちにちらほら伝えられてきたのは、今年の五月の末であった。この排水路は、昭和二六年から約四〇億の予算で進めてきた製紙汚水対策であるが、これほどみごとに公害防止施設が公害助長施設に転化した例は日本にない。

なぜかといえば製紙汚水は、そのまま排水路に投げこんで海へ放流する仕組みになっていたからである。静岡県知事竹山祐太郎氏の言葉をかりるなら、大昭和をふくめた「富士の紙屋」たちは、だからたれ流しは既得権だと考えて未処理の廃液をそこへ投げこんで今日にいたった。自分の汚物は、自分の手で処理すべきであるという幼児教育の初歩的なしつけを無視することで「繁栄」を手にした「紙屋」であったから、たれ流しは憲法二九条で保障された財産権(水利権)だと主張する(住民訴訟における大昭和の「準備書面」)。これが今日の田子の浦のヘドロ、駿河湾汚染のいわれである。

今回とられた発生源対策は、中小一一九工場一日の排水量八〇万トンを一四ヘクタールの共同処理場で処理するというものである。事業費一一二億円、富士市の負担は一八億五、〇〇〇万円である。もしこの計画が自分のことは自分でしまつをつけるという幼児教育の原則を確実に守るものだとするならば、建設予定地の住民の間から、これほど強い反対は起こらなかったにちがいない。

こうしたときの反対運動は、はじめからかならずしも意思統一がなされているわけではない。立場により利害により、さまざまな思惑と予測が混在するのは、いつものことである。しかし、汚物の処理場を持ちこまれるという即物的な反応を起点として、反対の意思はやがて統一され理論化されていった。

共同処理場を建設すれば、いかにも汚水がきれいになるという錯覚をあたえたが、共同処理場方式は、企業の個別責任を「共同」の中へ解消してしまう無責任方式であった。水質のことなる廃液を大量に混合して、しまつをつけようとするこのやり方は、水量の少ない濃縮液を発生源で処理する自己処理方式にくらべ、はるかに効率が悪い。

こうしたことの理論学習は、思いがけなくも共同処理場の建設に、政治生命を賭けるといった富士市長渡辺彦太郎氏にはげまされたといってよい。九月九日、反対同盟地区町内会の役員たちは、すでに公務から解放され自宅でくつろいでいた市長のところへ陳情に出かけた。夜陰、自宅へおしかけることの非礼にためらいながらも、彼らにはそうしなくてはいられない切迫感と、また、選挙のとき献身的な支持者だったという親近感にすがって出かけたのである。

しかし、その晩、市長はいささか酩酊していたという特殊な事情も加わって、彼らは屈辱感を抱いて引きあげた。「反対、反対っていうばっかじゃ能はねえや。反対するなら理論をもってこい」といわれた。反対同盟がこのときのことを『市長との対話から』として発表した記録によると「本問の筋をそらす様子は、見ていて誠に気の毒で、半狂乱にひとしく、富士市長としてのとるべき態度とは考えられません」、「約一時間の会談中、三回も自分を笑うとも、役員を笑うともつかぬあざけるような発声での笑い声で、同席した役員一同は、失望落胆して、市政の行く先々を心配しながら、完全に物別れのままかえる」ことになったのである。

東大工学部の助手近藤準子氏を招き、市長のいう「理論」を身につけはじめたのはこのときからである。公害学習は、彼らに運動の支柱をあたえ方向をあたえた。一年半以上、富士地区の水質問題を現地に足を運んで調査していたこの研究者の研究の成果と、土民の憤りがはじめてこの町で結びついたのである。反対同盟のリーダーの一人であるY町内会長が、宇井純氏の『公害原論』を読みながら「おれにもわかるぜ」とにたり笑い「サイコロは投げられた」といったのは、ちょうどそのころであった。

しかし、運動がエキサイトしていったのは、「革新」市長へのぬきさしならぬ不信感であった。「わたしらが、共同処理場なんて、わけのわからぬことをはじめて知ったのは五月二七日の新聞とTVですよ。そこですぐ市長へ面会を求めたが留守だった。六月二日八時三〇分から、市役所の八階の会議室で会うことになったが、反対同盟町内会長二二人のうち一八人が参加しましたね。そのときわたしたちは市長に、こんなこと本気でやるのかといったら、やるんだという。それならなぜ地元へきて説明しないんだ。地元じゃみんなつんぼさじきじゃないか。そのときわたしはね、あんたのこんなやり方は、住民不在だよ、そういったら奴さん顔色変えましたね。わしらは今日反対にきんたんじゃない。なんにもわからないから、ぜひ説明してくれとお願いにきたんだ、そういったが彼は、ただやる、やるというだけで、ぜんぜん説明がない。たまげた市長だと思いましたよ。

わたしらね、いまさらこんなことといったってしようがないけんど、ぞくに保守という、そういう人じゃいつまでたっても変わりばえしない。このへんで富士市に新風を吹きこむ意味で『革新』市長が出たほうがいいと思ったから、あの四五年一月の市長選挙じゃ一生懸命かついだもんです。だからこんどのことで、こんなことしてたんじゃ、とんでもないことになるから一日も早く地元へ説明にきてくれと、なんどもいったことあるんです」。地元への説明は一度もなされないまま富士市は六月二三日、終末処理場建設の告示（法的手続き）に踏み切った。

「六月二五日に、地元の中学の体育館の落成式で市長とも顔をあわせたから、いまでもおそくない、説明会やれといったら、ひまがないといった。とんでもないこといいなさんなと、わたしは頭にきましたよ。どういう人物か、わからない。選挙の直後には『市長をかこむ会』なんといって、わたしらの公会堂へやってきたですよ。そのとき、わたしは、すべて話しあいでやる。一人でも反対があれば、その人と膝をまじえて納得のいくまで話しあって、それからじゃなくてはやりませんといっていた。いまになってみると、とんでもない話だ。政治家ってあんな口先だけのものですかねえ」と、Y町内会長は慨嘆するのである。

「裏切られた」と彼らがくりかえしていうように、こんどの住民運動の主力は、「革新」市長誕生のとき手弁当で動きまわった住民である。

富士市議会が自然流会になった翌日、共同処理場の事業主体である静岡県は、関係予算二八億四、〇〇〇万円を取り下げてしまった。地元の意思がまとまらなければ、建設に踏みきれないというのである。これによって共同処理場問題は、いま宙に浮いている。

しかし、この段階で反対同盟は一〇月一四日あらためて闘争委員会をつくり、一六日には青年行動隊まで組織した。「徹底抗戦だ」という言葉も聞かれる。運動はヤマ場を一つ越してからエスカレートした。それが「革新」市長への不信感であることはまちがいないが、最終的には一八億五、〇〇〇万円を地場産業の保護育成のために予算化するという政治姿勢によって増幅された。

このことに目を向けたとき反対運動は地域エゴイズムを乗り越えはじめた。富士市の人口は一八万。公害企業のため一人当たり約一万円を出すことになる。つねひごろ公害の被害者であり納税者であるわれわれが、なぜ加害者のためにゼニを出すのか。中小企業は零細企業ではない。自前で処理施設をつくるにはゼニがないと、あたかもそのことを権利であるかのようにいう企業のなかには、すでに一九社が増設さえしている。もっとあからさまにいえばと、反対同盟のいうことは「車は外車、芸者買いは一段、ゴルフは三段、そんな連中をどうしておんば日傘で面倒みるのか」と。この時期にわかに「中小企業の保護」「地場産業の育成」を強調しはじめた、「革新」市長の政治的意図は、選挙民対策であった。彼はそのことによって公害行政の原則をはずしてしまったのである。

この土民的住民運動に終始、客観的傍観者の立場に立つことによって非協力者になったわが市民協も、処理場問題に無関心であったわけではない。ちょうどこの運動が動き出した六月一四日、「共同処理場に関する意見と要望」七項目を市長に出した。基本的には反対同盟の主張と重なるものであった。

しかし、市長が反対同盟を軽くあしらったように、市民協への回答も一ヵ月半放置した。もしこのとき市長が、保守系であったとしたならば、このような不誠実さにたいして、誰よりも興奮し、一刻も静観しえないはずの社会党が、みごとに沈黙したのである。つまり彼らは市民協として反公害の住民運動の担い手であることをやめ市長側近の親衛隊と化してしまった。

社会党と共産党は、この問題で「中小企業の育成」を優先させ「共同処理場の建設」に賛成した。これは県費でヘドロの浚渫を行なうことは原因者負担の原則に反するとした昨年八月の住民監査、告発、そしていま行なわれている住民訴訟の論理とも矛盾する。

わたしたちの運動は、火力のような新しい公害発生源の進出を事前に阻止するだけでなく、既存の公害企業にたいしては原因者負担の原則を貫くことによって公害の防止を要求することであった。それには企業の大小による例外を認めてはならない。もし認めたとするなら、そのことは公害の温存と助長につながる。

すでにこの町の紙業協会と大昭和は、まだ共同処理場問題が目鼻のつかない九月九日、七二年六月から適用される排水基準を当分延期してもらいたいと環境庁へ陳情した。これがわが町の公害企業の体質である。共同処理場問題は、はじめてわたしたちの町に、公害企業の責任とはなにか、原因者負担の原則とはなにかを全市的に問いかける機会でもあった。

反対同盟が自治体と企業にたいして共同処理現場の建設を容認しないのは、この原則についての問いかけに回答があたえられないからである。六八年以来のわたしたち市民協の運動も、そうした考え方で進められてきた。とするなら、市民協は反対同盟とともに共同処理場問題に取り組むのが本筋である。それをなし得なかった市民協の反公害運動とは、いまにしてなんであるのかと問われなくてはならない。

反公害の住民運動は、公害のない町づくりの運動といえるのであるから、公害企業に寛容な市政の体質を変えることを当然目あてとしなくてはならなかった。つぎはぎだらけの公害対策をどのように重ねあわせても公害企業の城下町からは脱けきれない。富士市に七〇年一月、革新市政が生まれたのはそうした市民意識を背景としたからであるが、当然のことながら革新とはこの場合、反公害を原則的に貫く政治姿勢のことにほかならない。

しかし、革新市政が生まれてからの市民協の運動はきわめて軟化した。変質したといってよい。その変質が、都市計画への住民参加という積極的な方向においてならば、運動としての成長を意味したが、革新市政への無原則な与党化の方向を選びはじめたのである。

与党というものが、しばしばそうであるように与党的立場のこころよさを身につけると無批判者になってしまう。市民協のなかでも主力だと考えている社会党は、市長との政治的血縁関係においてもっとも与党的であるが、そのことと住民運動とは区別されなくてはならない。住民運動の中の政党は、これに参加している住民とまったく対等の存在であって、運動そのものを政党的視点から利用することはゆるされない。

かりに運動の結果として生まれた革新市長であっても、反公害の原則をふみはずしたとき、住民運動はこれにたいして批判者となり対立者となる自由があたえられている。それが住民運動の本質である。その自由を捨ててしまったのが政党である。

こんどの共同処理場問題の反対同盟は革新市長を生み出す有力な支持者だったが、だからといって彼らはこの問題について市長と対立することを避けたりはしない。それが政党化されない住民運動の素顔である。

市民協のなかの社会党、地区労というものは、たしかに革新市長実現までは、この運動の精力的な担い手であった。しかし、政権を獲得した時点で、つまり側近化したそのときから公害を見る目が変わってきたのである。

公害企業のために一八億五、〇〇〇万円のゼニが被害者の負担においてまかなわれる事態を、地場産業の育成としてさらさら疑わないほどものわかりがよくなった。そうした政党との二人三脚をつづけてきた市民協が、いまにして風化するのは、ことの成り行きだったというべきだろう。

住民運動は、それに参加する一人一人を主人公とするものである。なにかの道具であってはならない。日の前にせまってくるものが公害であろうと、独裁的な政治権力であろうと、それらが人間を犯すものであるならば、これとたたかうのが住民運動である。たたかうということは、そこで人間であることを自己証明することにほかならない。

富士の市民協は風化しつつある。しかし、たたかうことで自己証明しようとする土民的住民運動がはじまった。

〈一九七一・一一・九〉

駿河湾魚幻記

わたしにとって田子の浦の春は、まだ雪の深い富士の峰がかすかにかげろい、黒松におおわれた砂丘から、潮の香がひたひたとよせてくることで知らされたものである。そうなると、朝と夕に沖へ向かう小舟たちが、あじ、いか、いわし、そして透明な「しらす」を、わたしたちのところへ運んでくれた。それと同じ頃この海へ出るサクラエビの船団は、深海からすくい上げた華麗な春の色を、蒲原、由比の砂浜にしきつめるのだった。何百何千枚の莚の上で素干しにされるサクラエビは、春の陽ざしのなかで発光する。四月から五月にかけての盛漁期には、山ではみかんの花が咲き、漁が終わる六月にはびわの実が熟れる。こうした季節のリズムは、つい先頃まで誰にも犯されることなくわたしたちを包んでめぐっていたのである。

わたしは、失われたそんな日々のことを思い出しながら、今年（七二年）も春一番の初漁の日に、由比港から大政丸へ乗って田子の浦へ出た。サクラエビは三月一〇日解禁になったのである。暮れに、秋漁を閉じた漁民は、船を陸《おか》へ上げ、「明日」を期待して春を待った。それはわずか二カ月というものであったが、ある者は陸仕事を捜しに町へ出かけ、海に背を向けては一膳のめしも通らないと、他人からすれば意地ともとれるかたくなさをもって、地先の海で小漁をつづけていた者もある。

製紙会社のコンクリートのなかで、春がこようと秋になろうと、一向おかまいのない人間に飼育されてしまった者とちがって、自然のリズムにすがって生きている「漁師」には、春は待ち遠しいものである。春をせがむこころには、その上さらに暮らしがかかっていた。

三月八日は朝から船下ろし作業が始まった。小さな港だが、四・九トン型のエビ船四九隻が、しらす漁の小舟と並んで勢揃いすると活気があふれる。ブルドーザーで押し、ワイヤロープで曳き、一隻がのめりこむように港の水をおしわけると、船頭たちは「ほうい」「ほうい」と声をあげた。ここでは網元という言葉にまつわる陰惨なひびきはない。一六歳の少年も船頭さんと呼ばれている。いつもなら日暮れしなまでかかるこの作業が、この日は午前中で終わった。

新造船海昭丸は、青竹にくす玉をつけ、大漁旗をはためかせて港を回った。サクラエビにすがって暮らし、これからもそうするほかはないこの船主は、荒廃した海を前にしながらも、一統（二隻）二、〇〇〇万円かけて新船をつくったのである。「明日」というのは、漁民にとってけっして不毛の日ではなかった。いつか大漁が約束されていたから、今日うちのめされても明日への準備をおこたらなかった。海昭丸は、東名高速道路と由比バイパスにはさまれた細長い港を、軽快に試走してみせた。そこに目を注ぐ船頭たちは、力強いなかまが一枚加わったという表情でこの新鮮な光景をみつめた。かりに自分の船が老朽化していようとも、それと比べて因縁をつけるようなことはしない。精鋭ななかまが加わったというそれだけで、身内の感情が湧き立つのである。サクラエビ漁は船団である。一統だけがかけぬけの功名をたてたところで意味をなさない。漁獲はまとめて仲買いに渡し、分け前は船主、船長、船頭でいくらかのちがいはあっても、ほぼ頭割りという共同制が、彼らになかまを意識させる。

船下ろしは戦闘宣言の日でもある。彼らはこの日いつものように船主の家に集まって祝酒を汲み交わした、が今年は湧かなかった。初漁は小手調べである。吉か凶かと明日を占う魚群探索の日である。二月の中頃、県の水産試験場から予報が出されるが、それがあまり頼りないことを知るようになってから、東京大学海洋研究所の大森信博士の指導で、独自の触角を湾内にひろげはじめた。沼津の大瀬岬と大井川沖を結んだ内側の海を、一四の海区に分け、一海区に四統（八隻）ないし五統（一〇隻）を配船し、一斉に投網して魚群のばらつきを調べる。大森博士が、動物生態学者として駿河湾に取組み、とくにサクラエビを追跡してから八年になる。こうした専門家の研究と、漁民の生活が深く人間的に結びついているのは、この湾内でほかにはみられない。

田子の浦のヘドロ公害がきっかけで、これまでどれだけ多くの「研究者」「活動家」そして「報道者」がここへやってきたかわからない。しかし多くは、行きつくところよそ者であった。「わたしらは、みなさんの同志として、ここに連帯のあいさつを送ります」と、いかにもこなれない言葉で挨拶したが、一日、二日たつと風のごとく消えていた。よそ者とは、最終的にかかわることをはじめから拒絶して、なお「連帯」という言葉に酔う傍観者のことである。

東京大学工学部の近藤準子博士は、大森さんとともに漁民が迎えいれている研究者の一人である。「えらいもんだな、女で博士だって」と、そんな言葉が漁民のあいだに交わされる。近藤さんは、田子の浦の水汚染について三年がかりで調べてきた。SS、COD、PH、そしてPCBなど、これまでなじまなかった言葉の意味を、彼らの暮らしに結びつけたのは近藤さんであった。船長会長の伊之助さんや、副組合長のやぶのおやじらが、「わしらは無学な漁師だ」といいながら、出るところへ出ていささかもよたらないのは、田子の浦一筋に生きてきた生活者であるからだが、こうした研究者を信じている科学の論理があったからである。よそ者と身内のちがいは遠い近いではない。よそ者は一回こっきりだが、身内はこちらへのめりこんでいる。

七〇年の夏、漁民大会が開かれた。その日、地元選出の社会党の代議士がにわかに顔を出し「ごくろうさん」と言葉をかけた。漁民は、これまで顔を出したことのないこの先生に「お前、いつきた」と言い返した。「朝から」とその代議士が言ったとき「ばかやろう、ヘドロは今朝はじまったことじゃねえ」と、手にした銛を彼の胸元につきつけた。

この世界では、地元だといったところで、それは身内の身分証明にならない。由比港が湧き立つたびに報道者がおしかけた。商売柄、「客観的」で「中立的」である。だからおもしろおかしく、あるときには無責任な記事も書く。純粋客観的傍観者ということで、ひどい裏切りをやり得たことは、研究者や活動家と変わらなかった。

しかし、漁民の世界へのめりこんできた者もいた。ある週刊誌の記者Kは、由比に居すわった。雨の日に白い葉裏をそよがすひと群れのぼさをみて、あれはよもぎだ、そら豆だと終日漁民と論争した。そのことは、もちろんヘドロに関係のないことだったが、それに夢中になれることによって、この男は駿河湾の小さな漁師町に一カ月あまりも流連した。海がなぎると船へ乗り、ひるまは夏みかんのたわわな山を歩き、休漁の日にはやぶのおやじや伊之助さんや大政らと酒を汲みかわしていた。春の漁が終わる。秋の漁がはじまる。そんな折目には必ず姿をあらわした。彼にとって「取材する」とは、漁民をツマミにすることではなく、この世界へのめりこむことであった。一度のめりこんでみなければば、そこに根づいたくらしはわかるものではない。

三月一〇日午後四時半、船団は大政丸を皮切りに海へ出た。いつもなら一つの海域を目ざして突進する。この日だけは、沼津の沖合から久能山の南に散らばった。焼津と大井川の海域は、大井川船団が受けもった。大政丸は伊之助さんの高由丸と、舳先をならべて沼津沖へ向かった。やぶのおやじは、息子が船長をしている海福丸の出港を見送った。

海は港を出て五分もしないうちに飴色に変わり、田子の浦から沼津にかけては、海というより苛性ソーダの溜池を走るようなものだった。大昭和の公害担当重役横関茂さんは、昨年浄化槽《クラリファイヤー》をつくったとき「うちは国の水質基準を守っているから違法ではない」と、それをみた漁民に言い切った。技術畑出だというこの男が、そういう言い方で悪臭について、騒音について、亜硫酸ガス、芒硝について漁民と住民をだましつづけた歴史はながい。浄化槽は、たれ流していたSS（浮游物質）を少々沈澱させるていどの装置にすぎない。もしそれによって廃液がきれいになったというならば、排出口で魚が泳ぎはじめたはずであり、田子の浦の沖合いが、いまもこのように悪臭を噴き上げる赤い海であるはずがない。大昭和の吉永工場からたれ流しているSCP（セミケミカルパルプ）の廃液は、この単純な沈澱槽では、いつまでも血で染めたように赤く、すべての小動物を圧殺してしまうCODを消すことはできない。

「大政丸、大政丸なぎはどうだい」と、大井川船団から無線で呼びかけてくる。「こちら沼津沖、上なぎだ」と大政は応答する。「影はみえるか」「うすいな、そっちはどうだ」「どうもこうもあったもんじゃねえ。今夜は、沼津沖まで真赤い。ドブの中につかっているようなもんだ」――直線距離で六〇キロ離れた二つの船団は、互いに交信しながら初漁の獲物を捜しはじめた。沼津と大瀬岬を結ぶ中間点で大政丸と高由丸は投網した。彼らは海の色を見、悪臭の漂う海上で、この試みがすでに空しいことを知っていた。しかし、初日の探索は、それでもなんらかの期待をいだかせるものである。もしかしたら、という賭けの心が動く。しかし賭けははずれた。

一統に乗りこんだ二〇人の男たちが、懸命に投網し引揚げた袋網には、四五匹のハダカイワシと、小箱一ぱいのクロンボウと、ひとすくいのフジエビがかかったにすぎない。彼らは無言だった。あらかじめ予測していたこととはいえ、無惨に近かった。

船頭たちは重油ストーブを囲み、ハダカイワシを焼いた。大政は、寒風が吹きさらすラット場（操舵室）でひとり舵をとりながら由比港へ船を向けた。七〇年夏、ヘドロ追放の沿岸住民大会で、一四二隻の「駿河湾水軍」を指揮したこの男は、このとき何を考えていたであろうか。

春秋の二季、湾奥に集まるサクラエビを捜し続けて四〇年になる船長会長の伊之助さんは、魚群探知機の記録紙をみせて「ここは深い海だ」というのが口ぐせである。漁民は深い海を相手にしなくてはやりがいがない、そんな自負ともとれる言い方である。田子の浦から東西にひろがる砂浜、といってももちろんいまは消滅したが、そこに何十統の地曳き網があった。その一つ一つは新網《しん》、東網《ひがし》、三五郎網というふうに場所や持主の名がつけられていた。わたしの地先の地曳きの一つは、「深っぽ網」といわれた。「深っぽ」とは急深な海のことである。磯から十尋《とひろ》もいけば深い淵に落ちこんでいる。やぶのおやじが「北をみて、山が高ければ海はそれだけ深いのだ。谷のように低ければ浅いのだ」というように、いつも真北に精骨のごとくそびえる富士を仰いでいた「深っぽ網」の網元は、同じ漁民の経験で自分の持網をそう呼んだにちがいない。明治二七年編さんされた『静岡県水産誌』は、この海について次のように記した。

「本区（田子の浦）ノ漁場ハ俗ニ富士下ト唱ヘ、海深最モ甚シキアリ。彼ノ第五区大瀬崎ヨリ第九区ノ蒲原海岸ヲ見通シ、其中央海深ハ殆ド千尋以上ニテ、容易ニ測定スルコト能ハザル處アリ。其近海モ亦之ニ準ジテ浅カラズ。通常四百尋ヨリ六百尋ニ達ス。故ニ気候寒冷ニ遭ヘバ万種ノ魚族此ニ棲息シテ淩寒ノ策ヲナス。彼ノ浮魚ノ如キ夏季駿河湾各處ニ遊泳スルアルモ、已ニ秋候ニ至レバ本区（田子の浦）ノ深海ニ来リテ滞泳スルヲ見ル可シ」

熱帯域から亜寒帯域までの生物が九〇〇〇種以上も棲息し、これまで二五〇〇種以上の新種が世界の学界に報告された駿河湾を、大森信博士は「このような自然の大水族館を持っている私たち日本の研究者は仕合せである」といわれた。サクラエビが、世界で周年棲息する唯一の海も、この駿河湾である。一五ヵ月の短い一生をここで終わる。八〇年近いサクラエビの漁業史のなかで、漁民が経験的にみきわめてきたことは、真《ま》水《みず》がさして急深な富士川の沖合いが、いちばん条件のいい産卵場で漁場だということだ。

初漁の日に打撃を受けた由比港の船団は、四月、五月にもっと水温が高くなれば、いくらかエビの形もみえてくるかもしれない、とそんな期待をかけたが、この三年間たて続けに主な漁場が駄目だった事実にぶつかってみると、そうもいっていられなかった。

春の漁期は五月の末まで八〇日間あるが、満月を中日《なかび》に五日ずつ休漁する「月休み」や、海の荒れた日を考えると、出漁できるのは五〇日そこそこである。彼らは、少しでも漁にありつこうと翌日は母港を引き払って焼津港へ移動した。春の主漁場田子の浦をあきらめて、四十数キロ離れた焼津まで通勤することになったのである。

発達した九七〇ミリバールの低気圧が日本海をつきぬけた日は、富士山に強い南風が吹きつけ駿河湾も荒れた。伊之助さんとやぶのおやじは、組合の二階から暗い沖を一日中ながめていた。

これまで豊漁だった年は、思い出せないほどあったらしいが、二人の記憶のなかで忘れられないのは、狩野川台風の秋と、六一年の三月、寺尾の地すべりで大量の土砂が由比沖の海へおし出したときのことである。いずれも予期しない災害であったが、川は水かさを増し、陸から栄養分をたっぷり運びこんだ。活気づいたその日のことをやぶのおやじは思い出しながら、「急深な沖合いへいつも真水《まみず》がさしていれば、駿河湾ではサクラエビが育つのだ」といった。しかし、富士川は上流で工業用水を取りはじめてから、川の流れはやせ細ったばかりでなく、富士市へ引かれた工業用水は一五〇の製紙工場が存分に汚し「公害なくして繁栄なし」というわけで、田子の浦へ吐き出している。

初漁の日、久しぶりに海をみた船頭たちは汚水の層が厚くなったといった。三年前から海を汚すなと言いつづけてきたが、製紙の増設はどんどん進み、水質の規制は言いわけとしか思えないほどゆるいものであった。にや潮とうら潮が沿岸流となってたて回す田子の浦は、息をつくひまもなかったのである。「ここまできた以上、どんな規制を上乗せしても、もとの海にはかえるまい」と、二人は明日の海を案じた。伊之助さんは「前から大森先生がいっていた通りだ」と不安の色をかくさない。

春漁といえば、田子の浦沖にきまっていた。まるで法則のように何十年も狂わなかった。その漁場が、焼津・大井川沖へ移ったのは何を意味するのだろうか。漁場が遠くなっても、そこまで行けばいまのところいくらかの漁はある。水揚げが少ないから高値を呼ぶ。しかし高値は、いつまでも彼らの将来を保証してはくれない。

大森博士によると、この事態は次のように説明される。「漁場の移動は、湾奥（富士川河口を中心とした沿岸一帯）の水域がもはやサクラエビの生活にとって適さないものに変わってしまったということを意味している。しかし、それは湾奥にいたエビがそのまま西部の水域に移動したということでないというところに、汚濁の持つ大きい意味がある。いままでの調査で明らかにできたところでは、大井川沖や焼津沖はもともと常にエビの集まる場所であったし、そこでの群れの密度が最近急に高くなったという傾向はみられない。また駿河湾全体をみても、湾奥にいなくなった分が沖合のエビの密度を高めてはいないのである。つまり、漁場はサクラエビが最も集まった水域から第二、第三の場所に仕方なく移動したけれど、エビは主に幼生の時代に汚濁の影響を受けて数が減り、湾奥で少なくなっただけの量が駿河湾から姿を消してしまっている」（『駿河湾汚染とサクラエビ』大森信）。

由比港の漁民は、この兆候を数年前から感じていた。しかし、六九年の漁獲がそれまでの半分以下に激減したとき、疑うことなく、その犯人を富士地区の製紙汚水と名ざしした。六七年から六九年にかけて、この地区のパルプの設備生産能力の伸び率は、一一〇％という異常な高さを示した。そのときの全国平均は二八％だった。ことに廃液処理がきわめて困難なＳＣＰの設備は一四〇％に達した。大昭和の鈴川、吉永、富士の三工場は、この間にＫＰ、抄紙、ＳＣＰの大プラントを増設し、一社で使用する一日の用水量は、富士地区全体の四分の一の五三万八、〇〇〇トンに及んだ（『岳南地区水質汚染調査・第一次報告書』東大都市工学専門課程調査班）。これは、瀬戸内海の燧灘《ひうちなだ》を病める海に追いこんだ伊予三島地区の全製紙工場のほぼ総量に当たる。近藤準子さんの調査によると、大昭和一社が毎日海へ排出している汚濁物質（ＣＯＤ）は、六七年から七〇年にかけて約三倍にふえている（『ミニレポート・富士公害・No.３』近藤準子）。

漁民たちは、大昭和がどんなプラントを増設し、何杯のチップ船を田子の浦港に横づけしたかと、いちいち監視しなくても、海のなかで始まった急激な異変の因果関係を、その目でつきとめていたのである。静岡県サクラエビ組合一二〇隻の船団の操業を指揮する船長会長の望月伊之助さんと、由比港漁協の副組合長で、明治の中期はじめてサクラエビを発見した網元の家を継ぐやぶのおやじ渡辺清一老は、六九年の漁獲の半減ぶりをみたとき、この海の将来に絶望的な予測を立てた。

ちょうどそのとき、一〇五万キロワットの東電火力が、富士川河口に持ちこまれようとした。製紙でやられ、こんどは火力の温排水で追いつめられる。由比港漁民の公害闘争はそのときから動き出した。二人の男が、いつもこの動きの前に立っていたことはいうまでもない。

不漁が決定的になった七〇年の春漁のあと、彼らは水俣へ行くことを思い立った。どんな海かわからないが、毒でやられて多くの漁師が殺された、と断片的に伝えられるニュースを、彼らは駿河湾の暗い運命に結びつけて考えた。「お前も行くまいか」と誘われて、わたしも二人と水俣へ向かった。

わたしたちは、七月の初め大阪国際空港から熊本行きのフレンドシップに乗った。離陸して間もなく左手に淡路島がみえてきた。伊之助さんは、窓に額をすり寄せてパノラマのような光景をみている。わたしは、空の旅を楽しんでいるのだと思った。「伊之助さん」と話しかけても額を離さない。

遠くかすんでいく島影をいつまでも追いかけていた彼が、ようやくわたしに言ったのは「何年振りずらか」ということだった。「昭和七年だ、そう昭和七年だな」というと、彼は感慨深げに一つの冒険譚を語り出した。

昭和七年は、伊之助さんが二年の軍隊奉公を終えて除隊した年である。その六月、なかま三人と「幅六尺、長さ二一尺」の小舟で朝鮮へ大航海を試みた。黄海に面した木浦のあたりに、サクラエビに似た小エビがいると聞いたからである。

「わしらは六月八日の午後八時、清水港を出た。御前崎の沖がちょうど夜中の一二時。灯台をたよりに遠州灘へ出た。紀州の三木崎へ着いたのが、そのあしたの夕方の五時だった。三日目は御坊泊り」

彼らはそこで二日休養した。遠州灘、熊野灘を乗り切った腕前がそんなゆとりをあたえたのだが、播磨灘への航路について思いあぐんだのである。明石海峡を回るほうが安全なように思えたが、鳴門の潮流に挑んでみたい心も動いた。けっきょく、御坊の漁師に励まされ、うず潮の鳴門を強行する航路を選んだ。

二三歳の伊之助船長は、潮流に慣れない駿河湾の漁師として、はじめて二・五トンの小型発動機船チャカで鳴門を乗り切った。信心深い彼らは金比羅さんにお詣りし、ゆっくり瀬戸内を航行した。玄海灘も乗り切った。この一〇日あまりの大航海譚を、彼はいつどこで何をしたかとこまごま語ってきかせた。しかし、「航海は成功だったが、漁は失敗した」といいそえて、またしても駿河湾のサクラエビが、世界で唯一無二の絶品であるいわれを話すのだった。

四〇年ぶりに空からみた淡路島は、そんな若い日の冒険を追想させただけでなく、海にとり憑《つ》かれた運命のようなものを感じさせたのである。

熊本空港には、映画監督の土本典昭さんがカメラマンの大津さんといっしょに迎えてくれた。映画「水俣」の撮影に入って一週間ほどたったときである。土本さんは、水俣といえば熊本のすぐ隣とばかり思いこんでいたわたしたちを車に乗せると、九〇キロ南の水俣へ国道三号線を走りつづけた。

わたしたちは、水俣に近い海ぞいの国道筋で、一軒のめし屋をみつけて食事をした。すべてが貝ずくめであった。玖磨焼酎三杯分あわせて五人のめし代は二、〇〇〇円を割った。やぶのおやじは「安くてこんなにうまいものはない」と感嘆した。

土本さんが帳場へ立つと、彼はすかさず走り寄った。そして、つき飛ばすように押しのけた。それからしばらく、「払う」「払わせぬ」と、この二人の男たちは息をはずませて大立回りを演じた。最後に、やぶのおやじが土本さんを物理的に排除して勘定をすませ、「こんなうまいもんを、ただ食いするわけにはいかねえや」といった。

不知火海は、湖のように静かで美しかった。しかし、そんなたたずまいの海の底に、人間の五体を蝕み、命まで奪う毒がひそんでいる無気味さを、わたしたちは出月、月の浦、湯堂、百間港でみた。「恐しいことだ。駿河湾は深いから生きのびてきた。しかし、いつこんなふうにさせられちゃうかわからねえ」と、二人は病巣の深い田子の浦のことを思った。

それから半月後、つまり一九七〇年八月九日、「ヘドロ追放駿河湾沿岸住民大会」が田子の浦港の埠頭で開かれた。もちろん、伊之助さんとやぶのおやじは、由比港の船団をかり立て、女房たちに大漁旗を持たせた。

漁協の二階から、小半日、荒れ狂う沖をみていた二人は、この短かったが強烈な旅のことをいつまでも話しあった。水俣を語るのは、目の前の黯《くら》い海を思うことである。あれから三年、じっとしてはいられないたたかいだったが、田子の浦は身悶えながら水俣の海に近づいていた。

沿岸漁民のすべてが、日本中の湾や浦や干潟で、無念の思い抱いて「繁栄」とたたかっている。しかし、いつかは埋立てられる。近づけないほど汚される。そして、ゼニで買い取られていく。絶望的な抵抗かもしれない。

春の田子の浦を、歳時記の季語でいえば「ヘドロ投棄」ということになる。昨年一回だけと公約された富士川河川敷への投棄作業の準備も、今年（七二年）もまた三月一〇日からはじまった。

昨年、投棄作業にみせた静岡県の技術は、愚公が山を移すときのように原始的ではなかったが、一日二〇〇万トンの製紙廃液のたれ流しを、寛容に官許しているかぎり、これが一回ですむとは誰も本気で考えてはいなかった。港の機能をまひさせた一〇〇万トンのヘドロから、三二万トンを差引く算段だった。近代的な装置を投入し、惜し気もなく八億二、〇〇〇万円をつぎこんだ。しかし、技術的な誤算があったのか、富士川河口の気まぐれな自然に阻まれたのか、投棄量はわずか一一万トンで作業は終わった。早くも秋にはその分をも埋めつくし、堆積総量は一二〇万トンに加算されたのである。

「愚公われ死すとも子子孫孫これを毀ちて止まずば、何ぞその目的を達せざらんや」と、来る春ごとにヘドロに取組む当事者の執念は、かなしくもみごとなものであったが、愚公が「もっこ」で巨大な土くれに挑んだのは、運んだ分だけは確実に減るという引き算があったからである。近代技術を投入した田子の浦では、運ぶ量より流れこむ量がはるかに多い。これは、きわめて困難な方程式への挑戦というべきだった。

由比港の漁民が、岐阜県長良川水系の視察に出かけたのは昨年の秋である。「不漁のときは明日を待つさ」と、いつもそういうことで望みをつないたり、現実を避けたりしている彼らは、不漁にかこつけて骨休みしようとする意味あいもかねていた。秋の深い美濃路を行くと、斎藤道三が国取り合戦にかけめぐったと思われる山々のあいだに、一筋の清流が光っていた。魚影を落としてさらさらと流れるこの川は、水の美しさをあらためて思い起こさせたが、水系の漁民はまだ「清流」長良川ではないといった。

ここでは七〇年六月二日、魚の大量斃死事件が起きた。余取川と長良川の合流点から、約四キロの下流にわたって一五トンの清流魚が浮き上がったのである。その原因は、いまも明らかにされていない。しかし、当時漁民は長良川にそそぐ余取川と長之瀬川の状況を追跡調査し、犯人は酸性の廃液を大量に流した製紙五社であると目星をつけた。

このとき、企業と行政へきびしい異議の申立てがくり返されなかったなら、水質を規制する岐阜県条例が出るのは、もっとおくれたはずだといわれている。それでも「県のきめた濁度の基準は二五〇だ。かりに工場が二〇〇におさえても、夜昼流しつづけているかぎり、川底にヘドロが張りついて魚が住めんようになる。これは基準の問題でなく事実の問題だ」と、漁民の不満はいまも消えない。

加害者は「基準」でものをいい、被害者は「事実」でものをいう。この関係は長良川も田子の浦も変わらない。「基準」とはなんであろうか。大昭和の社長、斉藤了英君が、田子の浦のヘドロをみて泳いでみせるといったのは賢明な認識だった。人間が泳げるところには魚が群れてくる。しかし、この海でわたしがけっして泳ごうとしないように、彼がいまもって泳ぐことをたじろいでいるのは、「基準」ではどうにもならない「事実」が、ここにあるからである。

長良川中央漁業協同組合は、水系の三十数工場に、立入り調査を漁民の権利として認めさせた。工場側はおのれの力量と誠実さにおいて、ほぼ次のような誓約書を漁民に出した。

「誓約書（昭和四十六年一月十七日）

私方工場ハ、貴組合ヨリ再三再四汚水管理ニツイテ注意ヲ受ケテオリマシタガ、去ル二月十二日板取川ヘ濁度五〇〇以上ノ汚水ヲ流シテ居リ、貴組合監視員ニ指摘サレ、自主的ニ排水溝ヲ堰止メテ休業中デアリマスガ、本日貴組合事務所ニ於テ供託金ヲ積ミ左記条件ヲ厳守スルコトヲ誓約シマ

愚公ヘドロを移す富士川河川敷投棄（小川忠博氏撮影）

ス。

記

1　今後ハ絶対ニ汚水ヲ板取川ニ排出シマセン

2　工場排水ハ魚ノ繁殖ニ支障ノナイキレイナ水ニシテ流シマス

3　今後薬注ハ毎日怠ルコトナク継続シテ行イ、ソノ薬品ノ受払簿ヲ備付ケ事故ノナイヨウニシマス

4　水質ノ状態ガ一目デ判ルヨウ毎日記録シテ、何時デモ報告デキルヨウニシマス

5　今後ハ良イ原料ヲ使用シテ、ナルベク汚水源ヲツクラナイヨウニシマス

6　右ヲ誓約シテ厳守スルタメ、金五〇万円也ヲ貴組合ニ供託シ、モシ汚水ニツイテ貴組合ニ指摘サレタ場合ハ、直チニ没収サレテモ異議ハ申シマセン」

これでも長良川はまだ「清流」にもどらない。とするなら、規模においてはるかに大きい一五〇工場が、一日二〇〇万トンのたれ流しをしている田子の浦が、紺青の海によみがえることは絶望的である、と由比港の漁民はそのように考えた。「富士の紙屋さんもだいぶこちらへ御視察にまいりますが、汚水防止はあまりおやりになっていらっしゃらないようで、大阪市場でダンピングなさるので苦手ですわ」——あけっぴろげに工場をみせた長良川筋の製紙社長の一人は、漁民たちにそう言いそえることを忘れなかった。

長良川水系では、「企業文明」と「土着漁民」のトラブルがくり返されてきたとはいっても、「清流」を共同の財産と考え、ここで生き死にする人間が、それをよりどころにしようとする地域的土着的な合意が動き出していた。田子の浦にも、そうした合意がなかったわけではない。おそらく、この国の川と谷と海辺のほとりで、自然によりそって暮らしてきた小民たちが、何代かにわたって築き上げた「里」とは、そのようにして守られてきたはずである。しかし、「企業」が土着的な地域の合意をふみつけ、「文明」の名かりて肥満化してから、「里」は滅ぼされたのである。

富士地区の製紙業者は、昭和九年七月四日、田子の浦を侵すことを権利とした。将来も侵し得るものと住民に強制した。この文書に署名捺印を迫られて、事実上の収奪が、地域の繁栄であり恩恵ですらあるとおしつけられた住民は、その日からこのことに疑義を抱かない企業領民に飼育されてしまったのである。これも一つの地域的な強制合意だろう。収奪と破壊への合意が成り立つと「公害なくして繁栄なし」といったこじつけが、小民の声をおし殺した。田子の浦港は、文明と進歩と都市が、いかに破廉恥な汚物を内蔵しているかを典型化してみせた地獄池である。

由比港の漁民が、田子の浦の破壊に怒りたけるのは、ここはもともと共同の財産ではなかったか、どうしてその合意がいま求められないのか、と根源を問いかけるからである。しかし、誰もまともに答えなかった。はね返ってきたのはGNPとppmだけである。

静岡県は、ヘドロの投棄について由比港の説得に全力を投入した。副知事、部長、課長たちが労をいとわず、時間を惜しまず幾日も足を運んだ。やぶの家へも伊之助さんのところへもやってきた。しかし、それらはGNPを讃え、ppmの安全性を強調しただけで、「里」としての駿河湾をいかにしてよみがえらすかという思想を切り捨てていた。

温厚な副知事は、最後に、由比町の老人センターには助成しよう、漁港の整備にも協力しようといった。やぶのおやじと伊之助さんは、それとヘドロは関係ないとことわった。「田子の浦港は国際貿易港である。静岡県東部一五〇万人の市民生活に直結している。もし、由比港だけの反対でこの港が閉鎖されたら重大だ」と、アメとムチが巧妙に使い分けられた。

大昭和の社長が、紙でくっている人間のほうが漁師よりはるかに多い、いちいち漁師にかまっていられるか、とたれ流しを正当化してきた「企業文明」の思想を、静岡県はとって代わって由比港威圧のてことしたのである。

富士の製紙カスのPCBは昨年の一二月公明党の依頼を受けた愛媛大学の立川涼助教授が、最高四、七〇〇ppmという高濃度を検出した。由比港漁民がもっともおそれたこれについて、追跡調査がなされぬまま県の公害課長池谷さんは、ヘドロろ過水のPCBは、〇・六ppbである。東京湾や琵琶湖の半分であるから安全であると漁民説得の道具立てにした。素人の「科学的」な解説はあてにならないが、そこに政治的な意図が加わると危険である。

そのころ、京都市衛生研究所衛生化学担当主任藤原邦達博士が由比港にこられた。やぶのおやじと伊之助さんは、この高名なPCBの権威の話をきいた。

「実はえびの種類で一ppbの濃さの水へほうりこむと死んでしまうという外国の学者の報告があります。ピンクシュリンク、ピンクとは桃色ですな、シュリンクはえびですな」

「先生、話をさえぎるようですみませんが」といった伊之助さんは、「松原、書いておけ、大事な話だ」と漁協の専務にメモをとらせた。

「この類は一から五ppbの濃度で死にたえる。ppbは非常にうすい濃度ですけれど、漁業という観点からいうと無視できません。だから、〇・六ppbだから安心だというい方は、われわれ研究者としてはそのままには受けとれませんな。いまの分析技術からいいますと、〇・六ppbは一ppbとみてかまいませんな」

「先生、公害課長はな、PCBは水には絶対とけないといったが、ほんとずらか」

「いや、とけないではなく、とけにくい、難溶性ということです」「それじゃ、県はあのヘドロで埋立てをやり緑地帯をつくるといっているが、ながいあいだにはヘドロのなかのPCBは、雨にもとけ、川から海へ入るらなぁ」「そういうことにもなります」。

富士市のちり紙工場は、六四年から七一年の二月にかけ大量の感圧紙を原料として使った。富士フイルムの富士宮工場でつくられたノーカーボン紙は、神奈川県と富士宮市内の下請二工場でカッティングされ、約四、〇〇〇トンという大量の故紙が、富士市の製紙原料商旭商事を通してちり紙工場に流された。

「PCBの安全性は、田子の浦でいえば、川の水、海の水、港の近くの鳥、魚、えび、かに、貝など何十例もやってみる。そうでないと安心したデータは出ませんな。県が発表した〇・六ppbは、高橋さん(県職員)にわたしたちがお教えしたもので、あの一例だけで安心だというふうにおっしゃるとすれば、事を、うまい方向へもって行こうとなさろうとする方便だろうとしか思えませんですな」と京都弁で静かに話される。

「世の中って、何を信用したらええかわかりゃしねぇな。わしらがものをいえば勘だという。県じゃPCBなんかわかっちゃいねぇ」伊之助さんはいつになくこのとき興奮した。

「役人は、この海にくらしをかけていないからな、行ったところでうまい話ができるのだ。そうでなくちゃ月給取りはやれなかろうよ」

やぶのおやじがそういったのは、二、三日前ヘドロの安全性を由比港で明快に断定した農林水産部長の平野正臣さんが、その翌日の新聞辞令で、静岡市商工会議所の専務理事として、三月の末に勇退するということを知っていたからである。この海にすべてがかかっている彼らは、春がくれば転々と職場を移り歩く「お上《かみ》」の公害対策を信用しないのである。

PCBの調査は行なわれないまま、ヘドロの投棄は政治的にきめられた。由比港が初出漁した三月一〇日には、早くもかぶと虫のようなブルドーザーが、富士川の河川敷をはい回り、重さ一トンの鉄パイプを積んだトラックは、砂けむりを巻き上げて田子の浦港の埠頭に殺到した。ヘドロ投棄は、歳時記風に行事化されていく。

駿河湾のサクラエビは、明治二七年の秋「やぶのおやじ」の「じささん」渡辺忠兵衛と、朝日丸の先々代望月平七の二人が、田子の浦の沖合いへあじの夜曳きに出たときみつけたものである。二人の漁師は、浮樽を忘れて網を下ろし、たまたま深く沈んだ網が深海のサクラエビをすくい上げた、といういきさつがある。

明治四三年一二月四日、静岡県水産組合聯合会組長・勲四等川島滝蔵は、功労賞状をこの二人に贈った。「君漁業ニ従事スル常ニ用意周到ノ結果明治二十七年十一月ニ至リ始メテ桜海老捕獲ノ漁具ヲ発見シ為メニ……」云々と書かれている。やぶのおやじは、この古風な額をときどき手にする。「何が用意周到だ。浮きを忘れて沖へ出たのは、酒でもくらっていたからずら。富士川の沖合いで夜風に吹かれ酔いをさましているうちに、エビがかかったにちがいねぇ。〃勲四等〃はえらいからな、用意周到だなんておだてただけだ。それにしてもよ、エビの夜曳きもそろそろ八〇年になる。わしの二人の息子も漁師だ。二七になった長男は、わしが乗っていた海福丸の船長だよ」というのである。

創始者の網を受継ぎ、息子たちも船へ乗っているとなれば、誰にも語って聞かせたい思いである。一四のときから船へ乗り、魚具・魚網、動力、船体、漁法の変遷を駿河湾漁業史とともに歩いてきた彼の一生は、駿河湾は自分自身にほかならなかった。GNPとppmを引き合いにして、駿河湾の未来を美しく描いてみせる者があっても、海を侵してきた過去の罪状は許せなかったし、ppmではこの海がよみがらないという信条をいささかも変えようとはしなかった。

サクラエビ漁は、明治四四年の三月、県令をもって許可漁業にきまった。毎年六月一日から九月三〇日までが繁殖期だから禁漁期とされた。しかし、その後しばらく自由になったが、大正四年に再び許可漁業に切りかえられた。当時の農商務省が、この小動物がきわめて貴重な資源であることを明らかにしたからである。大正六年静岡県令第二七号は、湾内のサクラエビ漁船を一八七統に制限した。そのとき由比の持船は三七統だった。が、いま富士の臨海工業地域に組みこまれた旧田子の浦村は、県下で最大の六一統の船団をもっていたのである。

この船団は、昭和二〇年代には一四統までに衰微したが、ある日突然駿河湾から姿を消してしまったのである。そのときの旧田子の浦村サクラエビ漁業組合長は、この村出身の静岡県知事斎藤寿夫氏であった。彼は静岡県知事として自分の郷土に港をつくること、旭化成を誘致すること、つまり、

「静岡県第六次総合開発」にかくべつ熱心な開発知事であった。工場を誘致することが、郷土の繁栄であり進歩であると一途に思いこんでいた。開発がはじまった昭和三一年、サクラエビ漁業組合長「斎藤寿夫」は、静岡県知事「斎藤寿夫」にサクラエビの漁業権を一、一〇〇万円で売り渡した。そして、田子の浦港がそこに造成されたのである。

旧田子の浦村の漁民たちはどこへ行ったであろうか。いま地先の砂浜には、防潮堤が万里の長城のように築かれている。海岸浸蝕が急にひどくなったからだ。「昔はいい海だった」と、旧村の老漁夫は、コンクリートの壁に身を寄せて赤い海をみる。

「ええじゃねぇか。いつまで漁師なんかしてないでよ、陸《おか》へ上がって工場へ出たほうが、よっぽどゼニが入らあ」こんな調子で前知事はいった。しかしそれから一〇年経ち、旭化成も大昭和も巨大産業に膨れ上がったが、陸へ上がった漁民たちは「文明」と「繁栄」の恩恵にどれだけ浴しただろうか。

由比港、つまり由比、蒲原の五〇統はいまもエビ網を捨てようとはしない。他にどんな身入りのいい仕事があっても、海は捨て切れないのである。彼らは大正の末からすでに製紙汚水とたたかってきた。当時二五歳の由比漁協の組合長佐野寅雄は、千数百人の漁民を連れて王子、丸八、富士川の三製紙に連日おしかけたことがある。昭和一五年には、日本軽金属蒲原工場の汚水問題で八〇回の交渉を重ねた。

昭和三六年全漁連の副会長になった彼が、この運動を利用して、もし県会議員や代議士をあてこんでいたなら、彼もまた、議員であることが特権であると考えている議員たちにしばしばみられるように、「開発」に陶酔し「海を売る」側に回っていたかもしれない。ここ二、三年の住民運動から、反公害、反独占、人民のための「政治家」が、小さな村と大きな町を問わず実に多く誕生した。壮観ともいうべき革新的風景であった。しかし、市長の座、議員の座の特権的魅力は、彼らの多くを「反人民的貴族政治屋」に風化した。これもまた、壮観というべき政治的風景であった。

　由比港のながい公害闘争には、漁民であることで堂々たる人生を貫こうとした指導者たちの、精神的な水脈が流れていた。しかし、旧田子の浦村の指導者は、地方貴族であった。権力にたいする欲求が並みはずれて旺盛であったため、企業文明に飲みこまれてしまったのである。

「総合開発」は「総合的」でも「開発」でもなかった。あらかじめ、農民と漁民を消滅させることを青写真のなかで引いていた。そのことは時代の要請であり、進歩であり文明であり、さらに善ですらあった。その善を信じ、この文明にひかれた近代的労働者が、田子の浦の汚染について一貫して傍観者だったのは当然のなりゆきだろう。

　企業への忠誠心を深めた彼らは、破壊の拡大に寄与したことはあっても、歯止めとはならなかった。近代的な労働者は文明を疑わない。それによって汚染の共犯者になり得た。近代的でない漁民は、汚染とたたかった。そのことで文明の批判者となった。もし開発が総合的で人間中心の進歩であるとするなら、一人の人間をもギセイにしてはならなかったはずである。まして特権を認めてはならなかった。しかし、開発は、企業を特権化して村や里を解体させ、領海まで侵犯するにいたった。領海の侵犯は、漁民の世界ではもっとも蔑まれ憎まれ、きびしい報復が行なわれるほどのタブーである。

　この地方の漁業関係の古い記録には、海の禁制を侵した者へのお仕置きと、侵させまいとするきびしい約定が残っている。「海岸ヲ距ルコト半里（拾八町）以内ヲ地曳網ノ漁場トシ、半里以外ヲ揚操網ノ漁場ト相定メ候事」、「境界堅相守猥リニアグリ網ヲ以テ漁事営間敷確約之事」「自今相互ニ規定ヲ守リ毫モ違約致ス間敷若シ異変之者有之候ハ、入費悉皆ソノ者ヨリ償却タルベク約定候」

安政年間から明治にかけてのものである。あぜ道のない海の秩序を守るためには、きびしい禁制が必要だったのである。サクラエビが許可漁業であることは、それ以外の者がこれをやってはならない以上に、彼が他の漁をやってはならない禁制として、はじめて自分の権利が守られる保証である。自分が生きようとするなら他を侵さないと保証された権利――この人権をもとにして生活権（漁業権）が生きている。海の侵犯は、生活権の侵害にとどまらなかった。人権のはく奪に結びついた。人権と生活権が不可分に結びついている漁民の世界では、人権を召し上げられてもゼニだけもらっておればよい、という生き方はできないのである。

人間の怒りや憎しみは、一膳のめしを奪われたときよりも、人間として扱われなかったときに深まる。由比港漁民の公害闘争は、この怒りと憎しみである。海で生きることがはじまってから、海で生きるために要求されてきた漁民社会の掟は、「たれ流し企業」では思いも及ばぬほど峻厳なものだったのだ。どちらが人間の理にかない、どちらをより高い文明というべきだろう。

駿河湾は二、五〇〇メートルの深海性と、外洋からさしこむ三筋の潮流を湾奥へ深く抱えこむことで富贍の海であり得た。しかし、海の底へはりついたヘドロは海底生物を殺し、沿岸流は田子の浦から汚染物を広げ、「彼を採らざれば是を捕え、此を漁せざれば彼を猟し」というわけにはいかなくなったのである。

すでに田子の浦と沼津地区では、多くの漁民が、この病める海から這い上がり、漂民となって「文明」の片隅へ消されてしまった。駿河湾臨海工業地帯にバベルの塔を立てつつある工事人たちは、さらに高くとこの塔を背伸びさせつつある。はたして天にとどくであろうか。神エホバは、こうした人間の僭越を憎み、言葉を混乱させ、工事を中止させたという話が創世記の一三章にみえる。

おしなべて駿河湾の漁民は、秀れた動物生態学者である。気象と海洋の専門家である。何代か前のじいさんたちから受けつがれてきたこれらの知恵は、直接漁場漁法の開拓と操船の新技術となってくらしを豊かにし、彼らをロマンチストに育てた。しかし汚染の海は、この知恵まで根こそぎ奪おうとしている。権力が人間と土と海とを奪おうとするとき、ひとにぎりのゼニを持ちこむことは伝統的な手法であるが、「開発」が正当化されてからは、「ゼニで片がつく」という思想は一般化された。しかしこれは「天皇陛下万歳」が「ゼニ万歳」に変わったのではなく、「富国強兵」の大日本帝国が生きつづけていたのである。漁民のたたかいは、この「ゼニ帝国」とのたたかいである。

伊之助さんは、毎日昼ごろになると漁協の屋上へのぼる。出漁ときまれば、午後の二時には焼津港へ出かけなくてはならないからだ。彼は、風向き、波立ち、海の色あいをくい入るようにみつめ、「南」の風がゆるんでくる気配を読みとると、その渋い顔が動く。出る出ないは彼の肚一つである。「やるか」と肚がきまると漁協から船主へ、船主から船頭たちへ、そしてどこかで碁や将棋に興じていた船頭たちも、家へ戻って「出るぞ」と一言いえば、けなげな女房たちは、何をおいても弁当の支度にとりかかる。風さえなければ、彼らは病める海でも出漁しなければならない。

〈一九七二・四・二七〉

II――蛙声通信

序　群蛙斉鳴

蛙　蛙　蛙
権力ト縁ノナイ　君ニハ
シッポ（尾）ガナイ
ゼニト権力ヲホシガル人間ハ
ミンナシッポヲ着ケテイル

蛙　蛙　蛙
自由ノ児ダカラ　君ニハ
ヘソ（臍）ガナイ
出生ノ系譜ニコダワル人間ハ
ミンナヘソヲ着ケテイル

君ノ棲家ハ水ノ中
陸ノ上　樹ノ枝ダ

丸抱ヱダトソウハイカナイ

雨蛙　赤蛙　とのさま蛙
もりあお蛙　がま蛙
KERO　KERO　KERO
群蛙斉鳴

赤い海

駿河国富士郡元吉原村大字大野新田の高橋与策は、明治二四年、帝国農科大学水産科を卒業すると、静岡県漁業組合取締所に聘雇された。その一年前には、大日本水産伝習所卒業生の紀伊国那智郡長田村大字島、岸上正作が、遠江沿海漁業組合取締所に聘雇されていた。二つの取締所が、ほぼ時を同じくして若い学徒を招いたのは、県下の水産事情を共同調査するためであった。彼等は、伊豆から遠州までの一九漁区をくまなく踏査し、明治二七年九月『静岡県水産誌』四巻を上梓した。この編纂は主に高橋与策の手になるものであるが、彼はそのときすでに今日の沿岸漁業のあり方を鋭く予見していた。

「海洋の富贍なること夫れ偉大なるにあらずや、然れども吾人未だ此業の為めに養殖を企てし者あるを聞かず、亦た曽つて耕労施肥の挙を図りし者あるを聞かず、只たんに進んで捕漁採猟せんも、退て之が蕃殖の計画に出づるなくんば如何に天与の宝庫も時あって竭くるあらん、現今水産の振はざる者漁業の挙らざる者豈に故なしとせんや、寧ろ其業の萎靡遂に衰頽せんとする傾ある豈亦慨せざるべけんや、若し夫れ鱗介の蕃殖する所以苔藻の発生する所以之れが原由理義たる者深く研査討究し来って以て培養繁殖を謀らば漁業の衰頽せんとするを防遏するに止まらず……」（『水産誌』・序）と述べている。今日、沿岸漁業は獲る漁業から育てる漁業へ変りつつある。高橋与策は、そのことをすでに明治二〇年代に予見していた。

僕が、この『水産誌』四巻にかくべつ興味をひかれたのは、偶然にも彼が僕の隣り部落の出身だったという奇縁を強く感じたからに外ならない。高橋与策とはいったいどんな人物だったろうか。明治二四年に大学を出たというならば彼の生まれは明治の初年になる。すでに現存していないかも知れない。しかし家族の消息ぐらいはつかみ肉親を通して与策の生涯の片鱗にふれて見たいとそんなことをしきりに思ったものである。

茶褐色の表紙をつけた和綴の水産誌は、ながい間図書館の書庫で埋もれていたらしく、手垢で汚れた形跡はない。表紙の左肩隅に剝落したように残っている紙魚あとが、記念碑的な感慨を誘うのだった。そのやわらかな紙の感触は体温のぬくもりのようなものを伝えてきた。彼はまちがいなくこの砂丘と海で育った人間である。

水産誌は、静岡県の一九の漁区について地形、気象、潮流を明らかにし、漁撈と漁村の習慣旧記に及ぶという記述のしかたでまとめられている。第一巻は水産学の原理を述べた総論的なものであるが、二巻以下は漁村の風土記といってよいであろう。それによると、僕がいま住んでいるこの辺りは第八漁区ということになる。駿河湾がもっとも北へ向かって湾曲し、東は狩野川から西は富士川河口にいたる地域である。

「南ハ渺々タル駿河湾面ヲ一眸ニ望ミ、北ハ峨々タル富岳ノ精骨ニ対シ、東狩野川ヨリ西富士川口ニ至ル岸線弓状ヲナシ、一帯ハ砂浜ニシテ松樹鬱蒼トシテ岸辺ニ並列ス。世ニ千本松原ト唱フルモノ即チ是ナリ、海波岸ヲ叩キ銀光ヲ現ハシ、松風静々トシテ耳ニ伝フルモノ実ニ是レ田子浦ノ美景、爰ニ住息シテ海業ニ従事スルノ部落ハ即チ左ノ如シ」

当時この海岸には、駿東郡沼津町、片浜村、原町、富士郡元吉原村、田子浦村の二町三村二六の部落が半農半漁のくらしを営んでいた。「各小区、一組或ハ二組ノ網組ヲ組織シ、一組ニ付一個の漁者詰合小屋及ビ左右ニ二個若クハ三個の魚見小屋ヲ設ク、漁家ハ岸ヲ隔ツル二町或ハ三町一直線ニ列居シテ、北方広濶ナル田面ヲ有ス、漁者ハ常ニ農業ニ従事シ、漁季ニ臨ミテ漁業ヲ営ム、之ヲ概言セバ半農半漁の民ト云フ可キカ」

研究者としての彼の眼は、一九の漁区にまんべんなく向けられていたが、駿河湾のひろがり、それに対峙する富士の精骨、そこでつつましく半農半漁のくらしをしている村人についての記述は、深いかかわりを持った者でなくしてはけっして湧出しない心情が躍っている。僕のように田子の浦に住息しそこで少年期を過した者には、彼の心情が波うつように伝わってくるのだった。

海は僕の精神史の原点である。少年時代のロマンのすべては駿河湾の四季、ことに夏の日の怒濤と、潮騒いを吸いよせる砂丘の上でひろげられた。回游する魚群は、四季のリズムに乗ってまちがいなく押しよせた。盛り上がった海面が泡立つと、男たちはほいほいと喚声をあげて砂丘を走った。かごをかついだ女の群れが、あとを追って松林をかけぬける。村の悟空、八戒、悟浄たちは仲間を呼びあってそれに続いた。たそがれもしくは朝あかつきの磯は、怒声と喚声で渦巻く。少年たちのみるいからだが、そのときさしまないということがあり得ただろうか。彼等の昂奮は数日の間も波うち、潮風に大漁旗をおし立てた小船のかげで、得心気に網をつくろう老漁夫の胸毛のあたりにも残っていた。

「おじい、カツオまたやってくるかあ」と彼のまわりに駆けあつまる小童たちは確信に充ちた彼の予言、それはまたうっとりするような童話《メルヘン》をせがむのだった。ようやく顔を上げた作じいさんの眼は、精悍な顔立ちに似つかないほど柔和である。網をつくろう手を休めるとゆっくりきせるに火を点けて、それから駿河湾の沖合いへ丸太のような腕をつき出して話し出した。「ええか、ようく、見ろ。あのへんからでっけえ鯨がよ、五〇頭、いや百ぴきぐれや、みんな裸での、おらん深っぽ網へおっかぶさってきた」。彼の語り口はいつも裸の鯨百ぴきから始まった。しかしそれを静かに聞かぬうちは、けっして次の話をきげんよく話してくれない作じいさんのプライドを、充分わきまえていた悟空たちは、わがままな五百羅漢のようなポーズをとってその廻りに車座をつくるのだった。そうした少年の眼くばせや顔色をちゃんと読みとっている老漁夫もまた裸の鯨百ぴきの前口上を、できるだけゆっくり抑揚をつけてくり返す。

　田子の浦の磯波が「銀光ヲ現ハス」ほど透明でなく、異臭を放つ赤い海であったとしたならば、ある日そこで起きた一つの事件は、海は魔神のものとしてその日から少年たちを寄せつけなかったにちがいない。夏のひるさがりであった。作じいさんは小舟の陰でいびきを立てて深い眠りに陥ち込んでいた。たこねり（たこ釣）に飽きた少年たちもある者はごろ寝し、ある者は単調に打ち返す磯波と戯れていた。水眼鏡をつけた一人は、海の底に、白蠟のような人魚が静かに眠っているのを見つけた。黒い髪が川藻のように長くゆれ、そのあたりを赤と青の小魚がゆっくり泳いでいた。海の底から浮上した少年は磯に向かって叫んだ。「おうい、人魚だ、人魚だ」。彼は「人魚」が目をさますのを極度におそれた。磯に上った少年と群童の間にしばらく小さな論争がまき起ったけれど、彼等はその決着と事実の検証を作じいさんにゆだねた。もしそのままにしておいたなら、碧い海の底でいつまでも眠り

名勝田子の浦の「逆さ富士」（昭和33年1月1日撮影）このあと静岡県第6次総合開発で，築港工事がはじまり，現況のように破壊された

つづけたはずの「人魚」が、やがて浮世の苦しみをこの海に投げた水死体であることがわかったときにも、透明な海の幻想にとりつかれた少年は「あれは人魚だ」と信じて疑おうとしなかったのである。海は碧かったのだ。

いま田子浦の沿岸漁業は完全にしなえた。漁民というものがもしいるとするならば、漁業権だけあって漁をしない「漁民」が、いつかその権利を高値で取り引きできることを待機しているに過ぎない。砂丘には万里の長城とまがうばかりの防潮堤が構築された。磯波は赤濁異臭を漂わせ、あたりに人影を望むことすらおぼつかない。「三四軒屋」のS青年はそうした中で残り少ない専業漁民の一人である。おやじもじいさんも、その前のひいじいさんもこの海の生れだ。漁師は貧しいという世評にたいし、彼は一顧も与えない。ゼニがあるか貧乏であるかはおれがきめることだ。かりに貧乏こいているにしたって、おれはチャカ船（着火）で家族五人を食わせている。人さまのおこぼれにすがって生きちゃいねえ。だいいちおらあ根っから浜の漁師だ。彼は海を奪った者へはげしい怨念を持ちつづけている。日米合弁のポリプラスチック工場が彼の部落に出来たのは六八年である。旭化成の誘致が何をもたらしたか骨のずいまで知っていたはずなのに、工場ができれば村が発展するという神話がここでも復活した。異変が起きるまでは誰も疑うことをしない。異変が起きたときにはもはや復元の機能は奪われている。Sとそのなかまのシラス漁がほとんどものにならなくなったのは、ポリプラスチックの操業が始まってからである。

「うちの汚水はアメリカ方式で浄化しているから、シラスの不漁には関係ない」とつめたくあしらわれたとき、彼等の唯一の抗議は工場の沈澱池へ鯉を飼わせて見せてくれという哀訴だった。

「よその水で飼った鯉じゃだめだ」とはねられた。それならよ、工場が水を引いている早川のうぐいならよかろう、これを飼わせてくれと投げ込んだ。三日たつと八〇匹のうぐいは腹を出して浮いていた。うぐいが死んだ。これでシラスが死なねえことがあるか。会社はシラス漁の補償二〇万円を出した。追いつめられてやっと出したゼニを、Sは会社の男の顔へたたきつけた。頭っぱりにすれゃいくらにもならねえや。なんてってもひでえのは船のスクリュウだ。田子の浦港へつないでおくとくさるぜ。いまじゃみんなステンと取りかえたが、割りピンに三寸釘を使うから、三日もすると木綿針ぐらいにとけっちゃってな。うっかりそれで夜曳きに出ようもんなら、走っているいとに、ピンがくじけてスクリュウが落ち

「開発」でくいつぶされた田子の浦の「逆さ富士」
(昭和47年5月・中谷吉隆氏撮影)

る。だからよ、おらあ二万五千円出してトランシーバーを買った。それで連絡しなくちゃ夜曳きもできねえ始末だ。漁業補償は、いったい何を償ったというのであろうか。

補償金はしばしば振興資金、見舞金、寄付金に変身する。荒廃した海はそれによっては戻らなかった。彼等は漁民からくらしを奪い、海辺の少年からはロマンを取り上げた。しかし、この掠奪行為にたいする抵抗は、わずかに補償金をめぐる異議申立ての範囲を出なかったのである。札束の高さを見くらべるかけひきの中で、掠奪者たちがいつの間にか恩恵者の立場に立ち、漁民が哀願者に転落していったのは避け難い。哀願する者と恵む者との間にそうすることによってめばえた主従の関係は、海のいのちを私物化する諒解を暗黙のうちに成り立たせた。公害犯罪はその時点で正当性を獲得し、田子の浦を赤い海へと荒廃させたように、富士川デルタを貫流する四本の川と、「峨々タル精骨」として、いつも望まれた富士の山容を、蒙気異臭の中へ包み込むにいたったものである。しかしこの町の代表的な公害企業の大昭和製紙の幹部は「いまさらこの富士市が一八の生娘になるもんか」と居直った。この声はいまも僕の心に焼きついている。

高橋与策の家族についてわずかの消息を耳にしたのはそれから間もない頃であった。すでに七〇を過ぎたと思われる三女が、静岡の田町にひとり閑居していると聞いて、僕はそこを訪ねた。老女は、にわかに父を思い出させた不意の来訪者にしばらく当惑げであったが、父与策の写真を取り出して来ると何十年振りかの思いを、見知らぬ僕に語ってくれた。そうしている間、僕は駿河湾の岸辺を矢立てをとりながら探索している若い与策と、与策や僕たちといま新しいかかわりを持ちはじめたあの掠奪者たちのことを思い出していた。

〈一九六九・九・一〉

公害と医師についての素朴な疑問

——F君へ——

この町で、君が小児科を開業したのは一〇年前であろうか。開業通知といっしょに招待状をもらった。「おれは藪だが、ごまかしてゼニをとらないのがとりえだ。町医者の生甲斐をそこに感じて、この町へきた」。挨拶状の一節がいまも心に残っている。

君が医者になったのをそのときはじめて知ったほど、お互いに別れてから久しい歳月がたっていた。いずれこうなるぐらいのことは中学を卒業する時にわかっていたが、三〇年という歳月の重さが改めて感じられたものである。僕らのなかまには不思議と医者になったものが多い。Yは外科、NとHは歯科医になった。丹念に探せば獣医ぐらいいるかも知れない。三人ともおやじが医者だったからそのあとをついたというわけだろう。ずっと前、僕は右手の腫ものをYに切ってもらったことがある。メスを入れるとぐいと引っかくように患部を摘出した。荒っぽい治療で、「おい、しずかにやれ」と声を立てたほどだった。そのとき、僕は中学校の工作室で模型飛行機の骨を小刀でちょんちょん削っていたYを思い出した。彼が外科になった必然性をそこに見たわけだが、まさか君が、こともあろうに小児科の医者になろうとは思いもよらなかった。君は、黒帯をしめて柔道場に立つと姿三四郎に似ていたし、槍を持って運動場に現れるとサムソンのようであった。五年生の二学期、いよいよ最後の運動会で君が投げた槍がひゅるひゅる音を立てて秋空にのび、ゆるい抛物線を描きながらグランドの芝生につきささった。槍の尾がしばらく生きもののように小刻みに揺れた。そしてぴたりと止った瞬間、全校生の間からうおうおというどめき声があがった。

こんなことを思い出したのは、君がここで開業すると知らせてくれたときだったが、僕はそのことを近頃またしばしば思い出している。

*

千葉大学の吉田教授が学童の健康調査の中間発表をしたのは九月一九日である。それには医師会が千葉大学の協力を求めてと報道されていたから、君も関係していたかも知れない。それにしてもいやな結果が出たものだ。藤間では入学する前の子供が七三人いる。このうちぜんそくまたはアレルギー性気管支炎の子供が二三人、一年間に七回以上風邪をひいたというのが五二人で、千葉の市原市の四倍以上ということではないか。元吉原小学校の場合も無視できない。ぜんそく児童は二・二五％で市内で最高だ。吉田教授によると、東京都の推定の二倍、全国平均の推定の四倍ということだ。大気汚染と気管支ぜんそくの因果関係は、いまの医学でもぴたりと出せないとのことであるが、こういう結果を出されてみると、やっぱりこの町の空気の汚れが原因していると考えるより外はない。それについて医師会の先生たちはどう思っておられるのか。僕の知りあいの農業青年が、ある先生にそのことをいうと「さわぐことはない、大きくなればひとりでなおる」といった。病気とはそんなものか。

進んだ今日の医学でも、医者は個体の治癒力に手助けするだけだといわれるが、これでは手助けさえやめてしまったことになるではないか。先生は、気やすさのあまりそんな冗談をいったのだろう。しかし、この町の大気汚染がここまできているとき、僕は開業医の先生がこれについて積極的な発言をなさらないのが不思議である。公害反対の声が上って二年たつ。この運動は、口害であるとけなされたり、暴徒であるとののしられながら、考える人をひろげてきた。健康といのちが脅かされるとなれば、誰だって黙ってはいられない。ここでは開業医の先生が百二、三十人おられるそうだ。しかし、これに取り組まれたという先生を僕は知らない。

吉田教授の発表を聞いたとき、僕はデモと抗議に明けくれした三月のことを思い出した。あの頃君の近くをよく通った。小児科、内科、X線科という看板を見、門前市をなしている患者の姿を見て、僕は複雑な気持にさせられた。患者の姿といっても子供を背負った母親たちだ。その中に僕の知りあいの母親がいた。長野県から転勤して五カ月にならないのに、三歳の子供がぜんそくになった。毎朝めし前に飛んできて、番号札をもらって順番をとる。それほど君のところは門前市をなしていた。商売繁昌と祝福したい気持と、生地獄じゃないかという思いとがいっしょくたになったものだ。「F先生は、気さくに診てくれますよ」とその母親は君をほめた。そういわれるとこっちもうれしくなるのは人情だ。「町医者のおれにできることは、患者の心に耳をかたむけることだ」といったのは君である。僕は『赤ひげ診療譚』を思い出した。そういえば、君の風貌と体格は「赤ひげ」にそっくりだ。

＊

山本周五郎の小説『赤ひげ診療譚』の舞台になっている小石川療養所は、「蚤と虱のたかった腫ものだらけの蒙昧な貧乏人」ばかりがやってくる幕末の施療院だ。そこの医長が「赤ひげ」である。貧しい人や下積みの中に美しい人間性を感じていた山周は、そうした人たちの生き方をいくつかの秀れた小説に書いている。この『赤ひげ診療譚』もその一つで、ここにはいまの医学と医師に多くの批判が向けられている。「医術などといってもなさけないものだ。長い年月やっていればいるほど、なさけないものだということを感ずるばかりだ。病気が起きると医者は、その病状と経過を認めることができるし、生命力の強い人間には多少の助力はできても、それだけのことだ。医師にはそれ以上の能力はない」と、そんなふうに医術の限界をさらけ出して自嘲する男である。しかし、「現在われわれにできることで、まずやらなくてはならないことは、貧困と無知にたいするたたかいだ。貧乏と無知に勝ってゆくことで、医術の不足を補うほかはない」と考える。弟子の一人は「それは政治の問題だ」と疑問を投げる。赤ひげは「江戸開府以来幾千百の法令が出されたが、人間を無知と貧乏のままにしてはならないという箇条は一つもなかった。貧乏と無知さえなんとかなれば、病気の大半は起らずにすむ」といって「蒙昧」な貧民の中へ入って行くのだ。この赤ひげを、君は医者としてどう思うだろうか。彼の弟子のように、医者が出る幕じゃないと考えるか。僕はそれに取り組んでいる開業医と研究者を知っている。

富山のイタイイタイ病を告発した萩野昇先生にお目にかかかかったのは六月であった。いまさらイタイイタイ病についていう必要はあるまい。あそこに萩野先生がいなくても、誰かがやったかも知れない――というふうに僕は望みをかけていうのだが、それでも萩野先生がいたからこそあれは風土病として葬られなかったのだ。あそこは他力本願の宗教が盛んな土地だ。人びとは病気を業としてあきらめていた。その上、保守的な政治風土と、新産都市の指定を受けて企業づいている。そうしたところで因襲的な農民と、政治権力と、王様である企業に挑んで、公害病の犯人を告発することは、一人の医者の力を越えた仕事であった。当然先生は迫害にあった。政治権力はもちろんのこと、企業はからめ手から妨害した。学界と同僚である開業医は、先生を異端者であるとして冷淡であった。農民は、なんまいだなんまいだと来世のお迎えを待つばかりだった。そんな条件の中で、一〇年以上の孤独な研究と、公害病の告発に踏切ったのはなんであったのだろう。いうまでもない。科学者としての良心と、開業医としての使命感と農民にたいする愛情がそうさせたのだ。そのとき萩野医師は、貧困と無知に勝ってゆくことで――そのことに冷淡な政治とたたかうことなくして、医術の不足を補うことはできないといった赤ひげと同じ立場に立っていたのだ。

さき頃、長野県南佐久郡臼田町で、第四回国際農村医学会議が開かれた。こんなところで国際会議がというかも知れない。しかし、そこに佐久病院があったからだ。ここは農村医学研究の発祥の地といってよい。院長の若月俊一博士を中心に、医学とは働く人のものと考える医師集団は、農村の予防医学、農民の健康管理に取り組んで二〇年になる。農村には高血圧を中心とする循環器の疾患や、胃腸障害、リュウマチ、神経痛などが多い。これは個人的な体質から来るよりも、百姓仕事や農村の習慣、因襲、社会関係に根ざしており佐久病院の先生たちは「病院で待つより村へ出て」潜在している病気を早く発見することにつとめている。農薬の中毒について強く訴えてきたのも先生たちだ。

九月二七、二八日、日本科学者会議の「全国公害シンポジュウム」が富士で開かれた。「公衆衛生」の分科会で、堺市の病院の先生が「地域汚染で明らかにされつつある住民の健康低下」について詳しい報告をした。四日市ぜんそくで亡くなった人の汚染された肺を映したスライドは、いまさらながら大気汚染の怖しさを僕たちに教えてくれた。僕はそれらの報告をした医者や研究者が、富山の萩野先生、長野の佐久病院、そして思い出されてくる知りあいの医師をふくめて、皆「今日の赤ひげ」に思われてならなかった。あの日、市内のお医者さんは一人、たった一人見えておられた。

＊

君の風貌とたくましい体格は、いつも僕に「赤ひげ」を思い出させる。もし君が、ひげをのばして神武天皇がはいていたようなズボンをはき、診療室へ出てきたら、誰だってそう思うだろう。いまはやりの長髪のヒッピースタイルでもいい。そこで君の助手をしているA君が「先生、わたしも空気の汚れたこの町で、ぜんそくで苦しむ子供を見てから、医は仁術でなくちゃいかんと思いました」といったら、「なにをぬかすか、たわけ」とどなるのだ。「医は仁術などというのは金儲けめあての藪医者、門戸を飾って薬礼稼ぎを専門にするえせ医者どものたわごとだ。不当に儲けることをかくすために使うたわごとだ」(『赤ひげ診療譚』)と、もういちどどなって見せるのだ。このように、いつも赤ひげが君と重なってくるのは、君にたいする僕の心情上の期待かも知れない。

千葉大の吉田教授は研究者だ。おそらくこれからも研究者としての良心を貫いて、僕たち市民を指導し啓蒙してくれるだろう。しかし、なんといってもつね日頃、僕らと同じガスを吸い、患者と顔を合せない日はない町の先生たちが、住民の立場に立って公害と取り組んでいただくことがいちばん心強い。君も知っているK先生は、この町でただ一人このことに取り組んできた開業医だ。先生がある政党に所属していることは、先生の真意をはなはだしく誤解させた。それは曲解であり、まわりの偏見だ。公害は、政党やイデオロギーで加減されるものでないという立場をとっている僕は、K先生の言葉と行動から開業医としての良心を感じるだけで、政党色は感じない。かりに政党的な立場が行動にかり立てたとしても、公害から人のいのちを守ろうというなら、けちをつける筋ではなかろう。K先生はコチコチの公式論者じゃない。選挙への野心もなく、まして選挙をてんびんにひっかけなくては公害のコの字もいえない人間じゃない。あっちでゼイゼイいう子があれば飛んでいき、ゼニのない病人には玉ねぎ一束で診療をする。党員だからやるのではなく「赤ひげ」だからやっているのだ。風が吹けば桶屋がもうかる。いよいよ冬場だ。ガスを巻きこんだ西っ風が吹く。忙しくなるだろうが、たまにはおれのところのまむし酒でも飲みに来ないか。

〈一九六九・一〇・二〇〉

駿河湾糞尿譚

月齢一七・二、日の入り一六時三六分、月の出一八時五九分。五日の月休みが終った由比港は、午後四時出漁のあわただしい空気が動き出した。舳先《へさき》を岸壁に向けた漁船は、コの字型の埠頭に櫛の歯のように接岸している。次郎長丸、神幸丸、花房丸と艫《とも》にしるした船名が、二隻ずつ同じように書いてあるのはうら船（東船）と、にや船（西船）で一統になっているからである。「夫婦《めおと》船か」と僕は次郎長丸の政吉船長に声をかけた。ラット場（操舵室）で片肘着いて港を見ていた彼は、「いまに仲のええとこ見せてやるぜ」といった。彼は琴桜を少しスマートにしたくらいの巨漢である。「沖へ出ると寒くなるぞ」と綿入れの半天を投げてよこした。「ジャンバーなんかカッコイイが、海じゃこいつがいちばんだ」とそんなふうに言って半天をすすめた彼だが、自分はえんじ色のトックリセーターを着ていた。二四統四八杯の船の上は、白い鉢巻きで埋まっている。鉢巻きは彼らにとって欠かせない男のアクセサリーだ。眉をかぶせるように深くしめているのもあれば、斜めにずらして片耳をおおっているのもある。端のとめ方もさまざまである。右前、左前、真横、真正面というふうに海の男のいなせぶりを、各自の好みに従って見せている。はやりすたりで変るアクセサリーではない。出漁の時刻が迫まると景気づけの歌が流れた。「赤い花なら曼珠沙華、オランダ屋敷に雨が降る……」、政吉船長はラット場に据えつけたステレオテープを時々調節しながら長靴のさきで拍子をとった。彼のテープには戦前戦後の歌謡曲がいっぱい吹き込んである。「やると思えばどこまでやるさ、それがおとこの魂じゃないか」村田英雄の「人生劇場」をひときわヴォリュームを上げて流しはじめると、こんどは体で拍子をとって口ずさんだ。「義理がすたればこの世はやみだ。なまじとめるな夜の雨」。

網入れが終ると長老格の漁師が、塩をまいて御神酒を上げた。いつもひょうきんでくったくのない彼らだが、海へ出るときの折目はぴしっとしている。五時、エンジンがかかった。薄暮の海がいっせいにざわめく。政吉は軍艦マーチをかけた。頃を見て次々に歌を変えていく彼は、これから始まろうとする海のドラマの演出家である。出足の速い船団は、突堤の鼻を右へ切ると舷と舷とをすりあわせるように焼津の沖へ向かった。海面はすでに闇に包まれていた。艫のあたりの暗い海の底からたえまなく噴き上げる蒼浪を見ると、駿河湾はまだ処女だと思いたくなる。しかし、政吉船長にいわせるとこの辺りもすでに犯されている。清水港や沖合いから時々油がおしよせる。春漁の時はどこから流れて来たのか二キロも帯状になって続いた。えびはくさくて海へ捨てたが網の始末には手こずった。いつも汚いやつが同じ方向から流れて来るとは限らない。駿河湾の潮の流れは複雑だ。うら潮とにや潮の外に、にやの陸《おか》づけ、にやの沖ばり、うらの陸づけ、うらの沖ばりと幾筋かの流れが季節と時刻によって湾内を立てまわす。

「にやの陸づけは、東南《ひがしみなみ》から磯をまわって久能下までやってくる。これが差すと田子の浦のドブ水がべったり張りつく。始末が悪い。往復六時間かけて焼津の沖へ出かけるのも、田子の浦一帯がやられてからだ。富士川河口から西と東の五キロの海は、ひところはさくらえびの宝庫だった。今じゃ醤油を煮しめたような製紙の汚水で臭いだけじゃない。網を入れるとべったり脂《やに》が着く。まるでドブだ。それが、にやの陸づけのときにこっちへ差してくるのだ。――プランクトンは、富士山の万年雪だってこと知ってるか。昔は田子の浦がさくらえびのいちばんええ漁場だったのだ。だからじいさんらは、富士山の万年雪が、とけて流れて富士川を下り、田子の浦へ差してえびを育てたとそう思い込んで言い伝えてきた。夏時に、沖へ出て富士山を見るとおらも本気でそう思いたくなる」

風は吹きさらしで冷めたかったが、重油ストーブは真赤に焼けている。「それにしてもよ、ここはだんだんドブ海になる。漁場もせまくなった。おい、知ってるか、岳南排水路が、海中放流をたくらんでいるってことを」と政吉船長はいった。

*

駿河湾の汚れはさくらえび漁にとって死活にかかわる問題であるだけに岳南排水路について漁師の関心は深かった。政吉船長はラット場から薄いパンフを持ってきた。「静岡県岳南工業地帯特別都市下水路・岳南排水路整備事業計画書・静岡県」という表紙がついている。すっかり汚れてくしゃくしゃになっているのは、いつもそれを持ち歩いていたからであろうが、欄外は書きこみで埋まり、あっちこっちに赤線が引かれていた。

「麗峰富士の南、いわゆる岳南地帯は、広大な富士山麓と、豊かな沖積平野、そして良質な地下水と温暖な気候、これらの自然条件に恵まれて新しい工業地帯としてめざましい成長を続け、又富士宮市は観光都市としても発展している」。こんなぐあいに書き出している。「田子ノ浦港の工事進捗に伴い大企業の進出はめざましく旭化成の進出を始めとして、日本食品、藤沢薬品、富士フィルム、東洋インク等続々と増開設され又最近日産自動車が四万坪の増設を行なうこととなった。(現在・操業中)。岳南工業地帯は現在、大小一、四〇〇の企業を数え、紙パルプの工場はそのうち一〇%強の一五〇工場に達し、昭和四二年には一。八一一千屯、一、二〇〇億円の出荷となった。紙、パルプ工業の進展は必然的に使用水量の増大となり、その結果は大量の汚水を排出することとなって、かつては、清冽な流れに富士の影を写して、逆さ富士の名称のもとに景勝地であった沼川、あるいは支流の各河川は昔の姿はなく、極度に汚染されている」。この地方の紙・パルプ工業は一日二〇〇万屯の水を使いそれがほとんど汚水となって川に流され駿河湾にそそいでいる。「河川に流入した汚水は、流域の水田に灌漑用水として、引水されるために、浮游物質が田面に沈澱堆積して苗代時の水稲の育成を妨げ、田植後において稲の分けつを阻害して減収の原因となっていた。河川水は汚水の色と、游澱物質により太陽光線がさえぎられ、溶存酸素の補給が不十分となるため、水中植物の繁茂を妨げ、魚類の成育に支障を与えていた。上記の公害の発生は岳南工業地帯が、今後大きく発展するための大きな障碍となった。当工業地帯が適正な発展をするためには、各種公害を除去して、他産業との共存をはかり、又工業地帯を動かす原動力たる健全な労働力の涵養に努めなければならない。岳南排水路はこの問題を解決するために静岡県営下水道事業として計画実施して来たものである」(「計画書」まえがき)。

大政が手にした計画書のまえがきには、「他産業との共存をはかり」というところに太い側線がひっぱってあった。

富士市内のこうした状況は、三月から夏場にかけて火力反対のデモや抗議で、何回も現場を見ている彼等である。ことに政吉船長らは、七月一一日富士市の議会が火力発電所の建設を全員協議会で抜きうちに了承したあと、市長と議長を汚水現場へ連れ出そうとした。が二人はどこかへしけ込んで姿を見せなかった。「それならええ、その代りによ、市長と議長のかみさんを素っ裸にして、吉原駅へ逆吊りにしてやるべ」と荒れたものだった。やむなく市の助役、公室長、経済部長を連れ出し、大昭和鈴川工場が汚水を沼川へ吐き出しているその前に立たせた。海の空気以外は毒ガスだと思っている彼らは、そのあたりに漂うメルカプタンの異臭をかいだだけで腹を立てた。「おい、助役さん、この水毒かね、毒じゃねえかね、毒じゃなかったら飲んで見な、おれも飲むぜ」と詰めよった。七〇歳の老助役はただおろおろするばかりだったが、火力の誘致に殊の外熱心で、企業との交渉、議員の操縦、地主への地下工作などあらゆる主役をいんびに演じて来た市の公室長のKを見ると「あの野郎か、いっちょ泳がせてやらずよ」と体を乗り出した。もしそのとき神幸丸の幸一親分が、ぐいと政吉の腕をひっぱらなかったら、彼は公室長を軽く沼川へほうり込むところだった。幸一親分はひげ面の角張ったあごをしゃくり上げて「あわくうな、料理するときゃまだあるぜ」といった。僕は、政吉船長が計画書のまえがきの「他産業との共存をはかり」というくだりを押えて「ごたあこくなよ」といった時、大昭和鈴川工場汚水口でのあの一場面をまざまざ思い出したのだった。

排水路計画が場当りで矛盾だらけだということは多くの人によって指摘されていた。もとをただせば、昭和二三、四年頃、灌漑用水を奪われた潤井川筋の農民が三〇工場を相手どって騒いだのがことのはじまりだ。昭和三七年、一号二号の排水が田子浦港に注ぎ出すと、水深一〇メートルの港は月に三〇センチも浅くなるという事態が発生した。県は、港の浚渫に年間一億五、〇〇〇万円をかけはじめた。私企業の排せつ物を税金で後始末するのは筋がちがう。その上、工事費約四〇億円は、四分の三が税金（国、県、市）で汚水の発生源である企業はわずか一〇億しか負担していないことも問題であった。しかし、漁民が岳南排水路を敵視するのは、この計画が企業側に一方づいてはじめから終末処理場を見込んでいなかったからである。きたないものを川へ吐かせ、海へ流せば事がすむという考え方は、漁民は死んでもいいということになる。それについて、事業計画書はこんなふうにいっている。「公共下水道は終末処理場により、汚水を処理後放流する計画が一般的である。しかし、本計画のように毎秒28㎥/sの大量の汚水を処理することになると、その規模は非常に大きく建設費、処理経費の面で実現困難である。本計画の場合、終末処理に代る方法として最終的には海中放流により、稀釈、拡散させる方法を研究しているが、稀釈度、施工方法等になお幾多の疑点もあり一応その前提に立脚して、海岸まで無処理放流しようとするものである」(「計画書」五頁)。いくらゼニがかかっても自分の糞、小便は自分で始末するのが当り前だ。猫だって自分のクソには後足で砂をかけるじゃないか、と政吉はいう。「海中放流というと、いかにも聞えはいい。しかし糞、小便をたれ流させおらの漁場の駿河湾を糞っ溜にするのが本音だ。県の小役人らが考えることといえばいつもこうしたものだ」。計画書にはこう書いてある。「処理場を建設することは広大な用地、莫大な建設費、及び年々多額の維持経費を必要とすることになり、各工場に及ぼす経費の負担は生産コストに圧迫を加え、当地域の発展上支障となる恐れもあり別の方法を考えざるを得なかった」。汚水の処理が技術的に不可能というのでない。しかも、「当地域」の中には漁民はふくまれていない。「従来、工場汚水の活性汚泥処理は困難とされていたが、その理由は工場汚水中には好気菌に必要な滋養分が欠けるためということと生産過程において脱色用として塩素を添加するために滅菌されて肝腎なる好気菌まで死滅することにあった。しかしながら数回の細菌調査、残留塩素量調査の結果そのオーダーが生物学的処理が可能な範囲であることが判った。この結果活性汚泥処理は十分可能であることが実証された。建設費二四一億円」この二四一億円（昭和四二年当時）が各工場の生産コストにはね返り、当地域の発展に支障となる恐れがあるので、海中たれ流し方式を採るというのである。「海中放流方式は、汚水に清水を加えるのではなく、海水に汚水を加えることになり、かつ相手は無尽蔵の海中であること、又海中の各種自浄作用により短時間に滅菌作用もあるということである。——処理方式としてはまことに原始的であるが施工的に可能であれば建設維持費においてこれ程経済的なものはない」

企業あって漁民なし、という論理がこれほどむき出しになっている計画はない。熊本水俣病、新潟水俣病、富山のイタイイタイ病など世紀の大犯罪がまかり通って来た論理がここに見られる。

＊

富士市内の製紙工場で、廃液をきれいにしてから流しているところは一つもない。一ばん多く水を使い、それだけ多く汚水を出す大昭和が、業界の先駆者としてこの原始的なたれ流し方式を開発し、それによって利潤を追求して来た歴史的な背景からするならその他群小一二〇〜三〇に余る工場がこれに見ならうのは一理ある。大昭和のたれ流し方式があたかも既得権のごとく黙認されていて、どうしてわしらが浄化槽をつけなくちゃならんのだと、ひょいと居直って正当性を主張する。正当性は、倫理によって支えられるのではなく、企業の論理をむき出しにした居直りによって獲得されるのである。

クラフトパルプの廃液を、三〇年来沼川へ流し、いつ浄化するのか今もってその計画を住民に示さない大昭和の鈴川工場が、今井一三三番地に建設されたのは昭和八年であった。一一年には第四号抄紙機と煮釜を増設し、両更クラフト紙の抄造とクラフト故紙の処理がはじまった。そして、昭和一四年三月二五日にクラフトパルプの製造設備が完成した。今井耕地三八町歩が工場廃液の被害を受けるようになったのはちょうどその頃からである。この地区の耕地は沼川ぞいにありながら全体が川へ向かってゆるやかに傾斜しているので、水利は不便であった。そのため農民はポンプ小屋を設けて揚水していた。沼川は昭和六年一部水路を改修したが、鯉、ふな、うなぎ、シジミが多く生息し、上げ潮の時はボラの群れが溯上するほどだった。川岸に生い茂るまこもの葉がくれではよしきりが鳴いた。このように唯一の灌漑用水であり、大人や子供に豊かな恵みを与える川であることを知りながら、大昭和はここにパルプの廃液を流したのだ。農民は赤い水を田へ引いた。腹の中では不服をとなえても口に出して異議の申立てをする者はいなかった。酒に酔ってうらみつらみがやりとりされた。しかし、酔いが醒めれば文句をいわずに鍬を持つ。そうした空気を察知した部農会の役員が「大昭和さん」へお願いし、滝川ぞいに一本掘りぬき井戸をつくってもらった。きれいな水が耕地をうるおしたのは二作ぐらいの間だった。同じ頃に乱掘をはじめた工場の深井戸は、灌漑用の浅井戸の根を枯らすぐらいはわけはなかった。農民は比奈耕地の余り水にすがりはじめた。ほしい時にほしいだけの水を田に引けなくなったとき、農民は水をめぐって互いに敵になった。ドブ闇の深夜に、うす明りの月の晩に、とぎすました鎌を握った影法師があちこちの畦道でうごめいた。一つまちがえば手にした鎌が振り上げられる。しかし、朝日が昇ってまた野面に立てば「今日もええあんばいだ。今年の草出来は」とさりげなく言葉を交わす彼等だった。誰もがほんとうの敵を見失っていた。そしていつか「大昭和さん」がおらん田んぼを買ってくれるらと、はかない明日をつないでいるうちに、沼川の赤い水は、ドブ水となり汚泥が川幅を三分の一に埋めつくし、大昭和鈴川工場の専用排水路になってしまったのだ。

これまで富士の農民は汚水問題でいくたびむしろ旗を立ててたであろうか。しかし、地先きの漁民たちが、漁業権の取り引きにあけくれして来たように、農民が補償にかかからずらい、住民が傍観している間に、この町の川はほとんど死に絶え、海は糞尿の溜池となっていた。

＊

月齢一七・二の赤い月が、一五度にのぼった頃、船団は大崩れの山影を左にして西南に進んでいた。静岡と焼津の街の灯が山影の両裾に夜光虫が漂う海のように広がっている。その頃からトランシーバーで交換される漁況情報があわただしくなった。がなり立てる話のやりとりが、すでに漁場に入っていることを知らせた。漁灯で埋まった海であった。清水、焼津、大井川の漁船をあわせると六〇統一二〇隻になる。操業開始の合図が出た。次郎長丸は互いに接舷し、走りながら袋さしの作業をはじめた。狩猟族といわれるものは、海洋と草原を問わず獲物をかぎつけた一瞬時に精悍な動物に変身して相手に追いすがるものだ。次郎長丸は船体をふるわせて走りつづける。分船するすると網はするすると流れて海へ吸い込まれた。九〇度の方向に分れた僚船はそのままトロール方式で猶走りつづけた。政吉船長はラット場で赤ランプをぐるぐる廻す。綱が曳かれた。再びとも船が接舷状態になった時、淡紅色のさくらえびの群れが袋網の底から浮き上った。一回の作業は三〇分足らずだ。午前三時まで休むひまもなく続けられた。

そのたびに漁灯が交叉し、舳先きをかすめて僚船の影が過ぎ去った。月はたえず右舷と左舷に入れかわった。

月明の海にそのようにくり返された作業を曳光の美学というならばこれほど華麗な冬の海はない。

しかしこれを作業といってよいだろうか。かりに水揚げされた小動物が、朝の岸壁で一五キロ七、五〇〇円で取引きされなくても、狩猟者たちは月明の海を探索し、突進し、そこにある原始にむかって挑むことをやめない。挑むことは狩猟者たちの情念であり宿命ですらある。彼らはそのときもっとも人間らしい生き方を貫く。汚濁されていく海は、彼らからそれを奪うことである。

「わしらいのちがけだ」と、舳先きを港へ向けた船の中で政吉船長がいった。夜に限られた海の労働のきびしさがそこにはこめられていたが、はっきりした相手に向けた怒りの表白でもあった。「三月の富士市議会へ、なぜわしらが押しかけたのか、そのいわくいきさつは棚上げし、あの一ヵ月余りの警察の手入れはどういうことだ。海を汚した犯人と、その共謀者たちには目もくれない。大昭和の幹部がいったそうだ。駿河湾は一八の生娘には戻らねえと。それならわしらが、そいつの娘を犯して生娘にはならねえといったらどうだ。ようござんすと引きさがるか。わしらには、民主主義がどうのこうのと、こむずかしい理くつはどうでもいい。しかしよ、この海からわしらを追い出す奴には、いのちをかけて抵抗する。いざとなりゃ連合艦隊を組みますぜ。三、四百杯なら東駿河湾だけでたくさんだ。田子の浦港へ上陸して、会社の鼻先きへ土俵をたたき込む。漁業権を、高値で取り引きすることしか知らねえ田子の浦あたりの漁民や、会社のおこぼれにすがって、飼犬になり下がった富士の衆なんか、あてにはしない」

東名の高速道路を光りの矢となって走りぬけるライトがもうすぐそこに見えていた。

〈一九六九・一二・二〇〉

君、「がまんしろ」というなかれ

――大昭和社長　斉藤了英氏へ――

斉藤さん、今年の毘沙門さんは陽気に恵まれて、三日間で三〇万人の人出だったということです。信心ごころのうすい僕は、縁日だからといってとくに願いをかけに出かけることはないが、この日が来ると、春の到来を感じます。そしておでんのにおい、いかのにおい、甘栗のにおい、くるくる回りながらたちまちふくらむ綿菓子の香りや、大釜の中で真赤にゆであがるズガニを思い出します。

僕の家からは、毘沙門さんの黒ずんだ屋根が鼻先きに見えます。今年は陽気に浮かれて露天のひやかしに出かけてみました。人の波にもまれながらようやく広場へ出ると、名物のダルマ市がひしめいているのはいつもと変りません。露天商は毎年きまったところへ店を張りますから、僕は見当をつけてズガニ屋を探しました。そこは毘沙門堂の東側の浜へ出る道にきまっているのです。しかし、今年は様子が変っていました。ズガニ屋はたった一軒です。いつもは五、六軒ここに並び、カニをゆでるにおいがむんむんしていたものです。「おばさん、これいくらだい」と、その前でためつすがめつしている子供の中へ割り込んでききました。「六〇〇円」。「六〇〇円」と僕はおおむ返しにいいました。

赤ん坊のこぶしぐらいの小さなカニです。「こっちは……」と、それよりいくらか小さいのを指しました。おばちゃんはひょいと甲羅を裏返し「七〇〇円だ、めすだから」といいました。「旦那さん、これ値うちもんだぜ。むかしはよ、毘沙門さんといえば、沼川と滝川を二、三日歩けば商売にことかかなかった。それがよ、近頃じゃ大昭和さんが流すあの水で、カニも死に絶えちまって、こっちの商売もひあがりそうだに」。沼川に虫けら一匹棲まなくなったのは、あなたもごぞんじでしょう。カニ屋のいなくなった縁日は、僕にとってひどくつまらないものになりました。

その店を出て少し行くと、「静岡県東部露店商組合連合会」と印した天幕があります。親分らしい男たちが四、五人炭火を囲んでお茶を飲んでいました。その中に、毎年僕の家の前へ店を出すN親分の顔が見えました。「Nさん、どうだい景気は」、そう言って中へ入ると、「まあ一ぱい」とお茶をすすめてくれました。こうした親分たちの話は歯切れがいい。「今年、店を張ったのは九八五本だ。あとから五本来たから九九〇本というところか。縁日が三日になってわしらも助かる。露天商なんて零細なあきんどだ。三日の売り上げがきつく響くもんですわ」。会長らしい親分は空を仰いでそんなふうにいうと、「今年はくさいにおいと白い粉がちったあ少ないな」とN親分の方に眼を向けました。たしか縁日の間、芒硝の排出は少なかったようです。去年、N親分があなたの工場へどなり込もうとした一悶着をごぞんじですか。「旦那、この毘沙門堂の屋根、銅板ですよ。四三年に屋根をふきかえました。わしらも毎年お世話になるので五枚分を奉納しましたぜ。あの頃は唐金の赤い屋根がきんきらきんきら立派でしたが、今じゃごらんの通りまっ黒け」。旅から旅へ渡り歩くN親分は、どこのお寺は緑青が吹いてきれいだと話すのです。

三日で勝負するあきんどたちは、毎年空をにらんで店を張ります。今年、あなたの鈴川工場は、改善工事だといってこの縁日を選び芒硝の排出を規制しました。しかし、こっちへ飛んで来なかったのは、陽気のかげんで南の風が吹きつのったからです。

*

縁日が終った翌日、鈴川工場の芒硝は、もっくもっくと空をおおい、真正面の富士山はスモッグにおおわれて見えませんでした。「よくしたもんだ」と口々に言いあいながら、公民館の広場へ今井の衆は集まりました。住民大会です。てんでんばらばらに口惜しがり、腹を立てていた人間たちですから、集まると熱っぽくなります。工場へおしかけようじゃないかというわけで、決議したのが次のことです。

『大昭和製紙本社鈴川工場から排出される粉塵、悪臭、騒音、大気汚染、チップの飛散などの公害により、日夜苦しんでいる今井三町住民は、その健康と生命、財産を守るため、過去数年間、会社に対し抗議し、発生源の改善と被害に対する補償について交渉してきた。この間、会社は一部物件の補償を実施しながらも、その発生源については何等根本的な改善策を持たず、それのみか設備の故障、改修に伴う公害も加わり、最近特に芒硝、粉塵の飛散を一層はげしくしている。会社が昨年、市と結んだ〝既存公害防止に関する協定〟さえ完全に実施されていない現状であり、住民の健康が犯されつつあることは、先般の健康調査によせられた住民の訴えによって明らかである。かかる現状のもとで、会社は更に新しい設備計画にもとづく増設工事を進めており、その完成の暁には、会社のいう〝無公害〟とは逆に、生産の増加と共に公害も倍加するものとして、われわれを不安のどん底におとしいれている。今井三町住民は本日ここに公害撲滅のため住民大会を開き、大昭和製紙に強く抗議し、次のことを要求する。

㈠　芒硝の飛散はこれ以上がまん出来ない。会社はその発生を防止できない場合は、発生箇所の操業を一時休止して徹底的に改修せよ。

㈡　公害により受けた損害に関しては、住民の健康は勿論、一切の財産について全面的に補償するよう要求する。

㈢　大昭和製紙の社長・斉藤了英氏は、会社の公害に関し直ちに三町住民と会い、責任者としての誠意を示せ。

㈣　会社の代表者が今井に居住して、われわれの苦しみを体験するよう申し入れる。

㈤　会社は、工場汚水の沼川排出を止め、魚釣りや水泳のできる昔の沼川に返せ。

昭和四五年二月一五日

公害反対今井三町住民大会

静岡県知事
富士市長
大昭和製紙株式会社社長　斉藤了英
殿

この日、会社の責任者と一問一答の公害討議をする予定でしたが、誰も姿を見せませんでした。一番出てきてもらいたかったのはあなたです。赤旗を押し立て、腕章や鉢巻きで武装することを知らないわれわれ土民は、つっかけ下駄をばたばた鳴らしながら鈴川工場正門へおしかけました。すると守衛が両手を広げ「代表だけ」とどなりました。「ぜんぶ代表だ!」とはね返ったのは当り前です。こんどは庶務課長が出てきました。「いま操業中だから代表だけ」と同じことをいいました。「なにお、こっちは仕事を休んでやってきたのだ」。庶務課長は背をまるめて姿を消しました。こんどは工場長の横関さん、次長の山村さん、部長の杉山さんが出てきました。この人たちとはながいつきあいですから、顔を見ただけで互いに何をいおうとしているのかわかってしまいます。つまり工場長、次長、事務部長の立場では、どうにもならない話しあいの限界をお互いに知りつくしているので、ここでも同じやりとりが繰り返されるだけでした。「こんどは自信をもって改善工事をしているので、四月になれば芒硝は少なくなります」と横関さんがいいました。「三月にゃ、風向きが変らあ」、「いままでどうした。四三年の九月には、なおっているはずじゃないか」、「なおらなかったらどうする、そこがききたい」。「こんどは二段構えで自信をもってやっています」。「何段構えだろうと、なおらないときどうする」、「がまんしろというのか」、「工場をとめろ」。険悪になるのは避けられません。横関さんは「自信をもってやっています」と繰り返すが、苦渋にみちた応答ぶりでした。こうした時、横関さんは、この三年間いつも同じことをいい、同じように顔をくもらせるのです。「お家のため」とはいいながらつらい立場です。それ以上の答を横関さんに期待するのは酷であることを知っている住民は「社長を出しなさい」という一点に交渉をしぼりました。「出せるか出せないか自信はありませんが、そうしていただければわたしどもといたしましても……」と、ほっとしたように横関さんの顔が明るくなりました。

＊

二、三日して返事がありました。「先代社長の法事の日に、皆さんの要求をお伝えしましたが、社長からはっきりした返事はもらえませんでした。私は一九日まで出張しますので、その間皆さんが社長宅へおしかけてもやむを得ないでしょう。しかし、社長は外国へ行くことが多く、常時不在です」。今井の人間は時々あなたの姿を吉原駅で見かけます。常時不在は横関さんの忠誠心が生み出した方便です。二〇日になってあなたの名前で回答がとどきました。

『昭和四五年二月二〇日

大昭和製紙株式会社
取締役社長　斉藤了英

今井住民各位殿

昭和四五年二月一五日付の決議文は確かに拝見しました。この度の既設設備の一部が不測の能力低下を来し、そのため芒硝降下量の増大をみましたことは、洵に残念に存じ深くお詫び申し上げます。目下市当局の強い指示を受けて、これらの設備の早急改修を命じ全力を尽しております。

しかしながら、今回のこの不測の一事をもって〝決議〟全般に指摘されたような、あたかも当社が公害に対しては、全く放漫無策であるのかのごときそしりを受けましたことは、はなはだ遺憾であります。ご承知の通り当社としては、かねてより市の推進する公害対策には、積極的に協力する方針を決定し、企業としての存立を危惧いたしつつも、それらの実現に最大の努力をはらいつつあります。

設備の改善に併せつつ、市との公害防止協定をはじめ、一連の公害対策について、県、市の指示に従いつつ、莫大な関係事業費を投入して実施進行中の段階で、逐次ご期待に添い得られるものと確信いたしております。当然、期間的問題等のためご不満のあることも充分承知いたしておりますが、地域と共に栄え、地域に愛される企業となるための最善の努力を傾注しつつある事実を、是非共ご理解くださるようお願い申し上げて回答といたします』

その晩、すぐ今井の公害対策委員会が開かれたのは当然です。これは回答じゃない、居直りだという声が委員会の中から湧きました。芒硝は年がら年中降っている。ことに昨年の一二月から今にかけて、庭先きの猫の背中まで真白くなるほど降りつづける芒硝が、既設設備の不測の能力低下のためだったというのは事実に反します。

二月七日、第一回の交渉の席で、あなたの工場のパルプ部長はこう説明しています。「No.1の回収ボイラーのコットレルは、三五年に取りつけたものですでに老朽化しています。スクレッパーのチエンがいたんでいたので、正月新しいものにとりかえました。しかし運転結果は思わしくなく、五日に一回の割でチエンの切断が起きています。そのため被害が増大しました」。芒硝が急にふえたのは、老朽化したコットレルを承知の上で運転していたためであって、不測などということではありません。もしこの言い分を拡げて行けば、いまあなたの工場が、今井五〇〇戸の住民の生活環境を殺人的に破壊しつつある行為は、すべて不測の事態ということであって、悪気はないからがまんしろということになります。

＊

僕らは、この回答書をきわめてごうまんで不誠実な文書だと断定しました。一つは、僕らが出した五項目には一つも具体的に応えていないからです。さらに「企業としての存立を危惧いたしつつも、県、市の指示に従いつつ、莫大な関係事業費を投入し公害防止を進めている」という点についてであります。公害という言葉に甘えてはいけません。公害は犯罪行為です。あなたは資本主義のおきてに従って私益追求の行為をなさっている。しかし、いかに資本主義のおきてでも、人を殺してゼニを儲けてよろしいとはいっていない。他人の日常性をはく奪してよいともいっていない。あからさまに申し上げるなら、この地域の公害は、あなたが利益の追求をやってきたそのことの結果としてひき起された環境破壊です。もし鈴川工場がここになかったなら、けっしてこのような事態が起きなかったということを考えてみればわかります。あなた個人とその企業が、それによって得たプラスは、社会的なマイナス、つまり公害をおしつけることによって築かれたのです。あなたはそれをつぐなわなくてはならない。公害防止の投資、あなたがいうところの「莫大な関係事業費」は、そのマイナスを埋めあわす贖罪的行為であって、プラスの行為ではありません。しかしそれはあなたの義務です。何百億円投下しようと、「企業としての存立」があぶなくなろうと、このマイナスを埋めることが、地域との共存共栄を念願するあなたにとって先決問題です。マイナスの埋めあわせをあたかも恩恵の如く考えるとするなら、それは居直りというものであります。そうした居直り的心情があなたの会社にないわけではない。二月一三日付で工場長横関茂氏が今井公害対策委員会によこした文書にも出ています。会社がトタンの全面張替えをするのは、その他の金属製品にあたえた損傷の分までふくんでいるからだといっています。つまりトタンの補償は過剰サービスだから、他の被害はチョンでいいじゃないかというわけです。

斉藤さん、一〇一米の煙突を立てようが、むしろをかぶせようがどうでもよろしい。僕らはその結果についてだけ関心があるのです。

〈一九七〇・一一・二〇〉

身ノ皮ヲ剝ガレテモ

「世界」トイウ雑誌五月号（七〇年）デ、東京都公害研究所長ノ戒能通孝先生ガ「言論ノ自由ト財産権」トイウ論文ヲ書イテオラレル。戒能先生ハ、去ル三月一三日富士ノ公害ヲ視察シタ研究者ノ一人デ、コノ論文ノ中デソノトキノ印象ト感想ヲ述ベテオラレル。コレハ富士公害ト富士市民ニタイスル、歯ニ衣着セヌ痛烈ナ批判デアル。

「富士市トイウ町ヲ初メテ見タ。聞キシニマサル町デアル。水汚濁ニハドノ人モ度胆ヲ抜カレ、驚キアキレタ。吉原工業高校ノ講堂前ニ、大昭和製紙先代社長ノ銅像ヲ見テ、アル人ハ眼ヲ見ハッテ嘆イテミセタ。コノ人ハ教育ニ何ノ関係ガアッタノカ。町ヲ汚シ、空気ヲ臭クシ、水ヲ汚シ、田子ノ浦ノ松並木ヲ立チ枯レニシ、富士山カラスベテノロマンチシズムヲ奪ッテオイテ、タダ金儲ケシタダケデ、ドコニ青年ノ模範ニナルモノガアルノダロウカ、青年ハコンナ人ニヨッテ毒サレル。ソレガ参加者ニ共通ノ意見デアルカギリ、思ワヌトコロデ日本ノ教育思想ノ欠陥ガ浮キ彫リニサレタモノデアル」

コウシタ偶像ノ建立ヲ許シタノハ誰デアルカ。ソノ偶像ヲ毎日見ナガラ青年ニ何カヲ教エテイルラシイ教師タチハ、コノコトヲ不思議ニ思ワナイノダロウカ。元吉原中学校ノ職員室ノ近クニモ同ジ人ノ胸像ガアル。二ツノ偶像ハ、自分ノ工場、一ツハ吉永工場、一ツハ鈴川工場ガ吐キ出ス亜硫酸ガスデ真ッ黒ニ腐蝕シテイル。供養ニモナルマイ。コノ町ノ経営者ニ対スル批判ト、市民ノ不甲斐ナサニツイテノ批判ハサラニ続ク。

「アメリカデモ産ヲナスニハルールガアッテ、他人ノ身ノ皮ヲ剝グコトハ、盗賊行為ト考エラレテイルトコロカラ、町ノ人々カラ空気ヲ奪イ、水ヲ奪イオ返シニ不快ナニオイヲ与エテオキナガラ、自分ハ空気ノヨイ他ノ町ニ邸宅ヲ構エテ居住スル人ヲ尊敬スルワケハナイノデアル。――ダガソレニモカカワラズ参加者（アノ日、コノ町ヲ視察シタ内外ノ社会科学者）一般ノ傾向ハ、コレホドマデニ痕ヲツケラレテイナガラモ、長イ間ヒタスラ沈黙ヲ守ッテキタ地域ノ人々（ワレワレ富士市民）ニ対シ、特ニ同情的デハナカッタヨウデアル。身ノ皮ヲ無抵抗デ剝ガレルマデ黙ッテイルコトハ名誉トイエナイ。闘ッテ刀折レ矢ツキタノハ名誉ダガ、降服ハ不名誉デアリ、屈辱デアル」

　コレハ、ワレワレ富士市民ニトッテ、キワメテ不名誉ナ批判デアルガ、事実デアル。公害ヲ追放スル組織的ナ運動トシテ、市民協ガ動キ出シテカラマル二年ニナル。ソノ前カラ今井ヤ藤間《トウマ》ヤ須津《スド》ノ地区デ、コノコトニ目覚メタ人タチガ動イテイタ。「コレジャタマラナイ。ナントカシテクレ」ト、ヤヤ控エ目ト思ワレルホドノ公害反対運動デアッタガ、コレヲ政治的革命運動ノ如ク思ッタリ、公害ガアッテ企業ガ栄エルト信ジ込ンダリシテイル人間ノ方ガ、マダ遥カニ多イノデアル。「コノ臭イト騒音ジャ、ワシノ商売モオ手上ゲダ。気狂イダトイワレテモ、手ガウシロニ廻ッテモカマワナイ、ワシハダイナマイトヲブチコンデヤル」ト、怒リ狂ッタオヤジマデガ、大昭和カラオ客ヲタップリ差シ向ケラレテ、今デハウンデモナケレバスンデモナイ。「商売繁昌」トクサイ空ヲ仰イデイル。信者ノ寄進デ銅板デ葺キカエタ毘沙門本堂ノ屋根が真ッ黒ケニ腐ッテモ、大昭和ガ京都風ノ築地塀ヲ寄付シテクレルトナレバ、御住職サマモ大気汚染ハ気ニシナイ。身ノ皮ヲ剝ガレテモ痛クナイノダ。肉ヲ裂カレ、骨マデシャブラレテモ公害ガ犯罪デアルコトニ気ヅカナイノダ。

〈一九七〇・四・二〇〉

駿河湾叛乱す

田子の浦で、土用波もしくは盆波と呼ぶ怒濤は、駿河湾の沖合から厚い層となって盛上がった海が、白い波頭を狂い立ててのしかかる巨浪のことである。ここに立つと、西から波状的に崩れ出すうねりは、広い砂丘を濃い煙霧で包みこむが、夏の灼光を再び砂丘に取戻すのも早いのだ。

その巨浪に突進し、波の向うで浮上し、もう一度砂丘に生還する試みは、浜育ちの悟空、八戒、悟浄たちが何代も前の親たちから受けついだ自己検証の一つだった。「山の根」、すなわち愛鷹山の麓、大昭和製紙吉永工場があるそこで、悪童と隔離されて育った一人の少年は、褌姿でこの磯に立つには立ったが、悟空どもの蛮勇ぶりをしぶきを避けて眺めるに過ぎなかった。

私は遠いある日のそんな光景を、八月九日「ヘドロ公害追放・駿河湾を返せ」と四、二〇〇人の住民が海から陸からひたひたと集る田子の浦港の埠頭で思い出していた。伊豆の戸田港から、沼津の内浦、静浦、我入道から、由比、清水、大井川港から、へさきを振り立ててここに急ぐ漁船団一四二隻は、怒り狂った盆波に見える。しぶきを避けて、砂丘のくぼみにおろおろしていた一人の少年は、まがいもなく大昭和製紙株式会社のいまの社長斉藤了英さんであった。その頃、私たちは了英さんを「よしひで君」と呼んでいた。

一一時五〇分、由比港漁協の岩辺省三は、二七メガサイクルのトランシーバーで船団を呼び出す。「水軍の指揮官大政丸、大政丸」。「こちら大政、ハイどうぞ」。「船団の集結ぐあいは、どうぞ」。「了解おおかた集結、ただいま戸田港まき網船団接近、大井川船団も見えてきた。ハイどうぞ」。「了解、田子の浦港への突入一二時二〇分、よろしく」。「了解了解、港の様子、どうぞ」。「人もいっぱい、車もいっぱい、今日は白いあんぶく少ねえや、どうぞ」。「了解、今朝っぱら大昭和、あんぶく消していたってことよ。ハイどうぞ」。「了解、了解」。

港外で三度旋回した漁船団は、定刻通り行動を起しヘドロの港に突入した。この日、地元田子の浦の漁協は、おおかたの漁船を漁港区につなぎとめ、二隻ばかりが沖合でしらす網を曳いていた。この捨小舟を見た漁船団は「コジキ漁師」と叫んだ。

昭和九年七月四日、富士郡田子の浦漁業組合長井上啓作氏、岳浦漁業組合長森幸作氏らは、富士郡製紙工業組合理事長高山循一氏と、次のような「覚書」を取りかわした。

「富士郡田子の浦漁業組合、富士郡岳浦漁業組合及ビ其ノ組合員ハ工業者ト提携戮力シテ富士郡下各種工業ノ発達ヲ期センガ為別紙生産工場及ビ之レガ拡張ニヨリ流出スル汚水排水ガ漁業ニ及ボス影響ニ付キ将来何等ノ抗議又ハ要求ヲ為サザルモノトシ別紙工業者ハ七月四日富士郡田子の浦漁業組合、富士郡岳浦組合ニ対シ金八、〇〇〇円ヲ提供シタイ」

昭和一六年一一月二五日、この二つの漁業組合は、工業者代表大昭和製紙取締役社長佐野貞作氏と「工場汚水問題解決書」に調印した。

「第一条　甲（工業者）ハ乙（漁業者）ニ対シ其工場ヨリ排泄スル汚水ニ因ル漁業被害ニ対シ九、〇〇〇円ヲ提供スルモノトス。前項ノ補償金ハ乙ガ其享有スル漁業権ヲ放棄シタル後ニ於テ支払フモノトス。第二条　乙ハ其享有スル総テノ漁業権ヲ放棄シ且解散スルモノトス」

昭和二六年、田子の浦漁業協同組合長斎藤寿夫氏と、大昭和製紙株式会社以下九九社代表静岡県紙業協会長斎藤徳次氏との間で、次の「覚書」が交換調印された。

「製紙及製紙パルプ製造工場より排出する汚水問題に関し工場側代表斎藤徳次以下一二名の委員と田子の浦漁業組合代表との間に於て折衝の結果、工場としては工場排出汚水が漁業に及ぼす被害の程度は到底判定が不可能であるから道義に基き一定金額を提供し、漁業者は工場に於ける浄化装置の実施が頗る困難なる事情を了承し、汚水の流出に関しては何等の異議又は要求を為さず、郡下産業の発展に戮力することに双方の意見が一致し円満解決を見たので、之の覚書事項を確認した上提供すべき金額、提供方法其の他に付き次の如く契約す。

昭和二六年度　四〇〇万円　　昭和二七年度　二八〇万円
昭和二八年度　二八〇万円　　昭和二九年度　二四〇万円

乙（漁業者）は本契約締結後は、甲（工業者）が工場を特設又は増設したる場合に於ても何等異議又は要求をなさざるものとする」

たれ流しを正当化すくさびは、一つ一つ確実に打ちこまれていた。この時の漁業組合長斎藤寿夫氏は、静岡県知事斎藤寿夫氏その人であった。昭和三一年一〇月一三日、田子の浦漁協（組合長斎藤寿夫氏）は、さくらえび一四統の漁業権を一、一〇〇万円で放棄した。昭和三七年一一月二八日、田子の浦漁業協同組合長渡辺儀作氏は、大昭和製紙株式会社社長・静岡県紙業協会長斉藤了英氏との間で

8．9ヘドロ追放駿河湾沿岸住民大会（小川忠博氏撮影）

覚書を交換し、昭和三七年以降にかかる漁業補償年額二二〇万円を調印し、この契約が締結された後は、工場がどんなに汚水をたれ流そうと異議や不服は申述べないことを約束させられた。

田子の浦港の開港は昭和三六年である。そのころ「鉄とコンクリートで築きあげた人工の港田子の浦港、おまえは海の彼方へ限りない夢を開き、日本経済の明日を築く港として、私たちの期待に応えてくれるだろう」（一九六七年、静岡県「田子の浦港」）と幻想の賛歌がしきりに流された。しかし、その「日本経済の明日」からは、漁業は切捨てられ、すでにヘドロ沈澱池の機能をはたしつつあったこの港が、田子の浦から駿河湾全域の汚染拠点になるであろうことを鋭く見破っていたのは、さくらえび専業の漁民たちであった。

昭和四四年一二月五日、旧元吉原漁業協同組合と静岡県紙業協会（会長・大昭和製紙株式会社社長斉藤了英氏）は、「漁業補償に関する覚書」を交換した。三五年七月六日、両者で締結された年額一三〇万円の年賦方式を一時決済に改め、関係一二二工場が二、五〇〇万円を一括支払うというものである。補償金額がふえるたびに漁業権がもぎとられる原則は、こうした場合、一時決済方式をとることによって完膚なく貫徹する。覚書第四条第二項「乙（漁業者）は漁業を廃止する」。

旧元吉原漁業協同組合（組合員七二名）は、すでに一隻の小舟、一統の網、一本の釣竿を持たない幻の漁民。彼等は田子の浦の死滅化のなかですでに非漁民化されていたが、あえてこの時期に補償契約の対象にさせられたのは、企業家たちが亡者へ捧げた供養や追悼のためではなかった。この覚書の契約当事者は、大昭和製紙社長斉藤了英氏と非漁民。この覚書の立会人は、了英氏の実弟富士市長(現自民党代議士）斉藤滋与史氏と、元吉原地区を選挙の地盤とする富士市議会議長中村新吾氏。そしてこの覚書契約の翌日、すなわち衆議院選挙公示の前日、滋与史氏は富士市長を辞めて立候補し、議長中村新吾氏がその選挙事務長を引きうけるという筋書どおりの運びだった。年の瀬に思いがけないゼニが転げこんだ旧元吉原地区の非漁民が、この選挙でまめに動き、よく働いたのはいうまでもない。田子の浦とその海域の収奪は、このようにきわめて予定調和的に進められて今に到ったのである。

八月九日、ヘドロの海に殺到した漁民の間に、かねてから一つの認識が生まれつつあった。水俣のチッソと富士の大昭和は兄弟分だというそれである。チッソと大昭和のちがいは、これまでに大量殺人をしたかしないかだけであって、その犯罪意志はわれわれ漁民に向けられている。駿河湾の汚れはこの三年間でにわかに広がった。大昭和の工場拡張と符節を合わせる。そうしたことを丹念に調べ、因果関係の追跡に執念を燃やす漁民がこの沿岸で育っていたのである。社長の了英さんが、漁師なんて一握りだ、おらん製紙の職工の方が多え、とたんかを切り、田子の浦の潮はいつも西から東へ流れていると無知をさらけ出した発言を、いつどこで言ったかまで胸のうちにあたためている。

あの朝、彼等は陸上偵察隊を飛ばして大昭和三工場の排水口を点検した。「お客さん」が来るたびに排煙、排水の規制をするこの会社の礼儀正しさを知らぬ者はない。排水口にはにわか造りのシャワーがつくられ、表層の流れをせきとめるベニヤの板が川幅いっぱいに渡されていた。そこには監視をかねた作業員が三、四人、歪んだ顔で立っていた。「泡を消す」、「みばが悪いから泡だけ消す」、鈴川工場長の横関茂氏がかねていっていたその通り、この会社の公害防止は「泡を消す」破廉恥な小細工に終始してきた。資本の論理以前の破廉恥性が、この企業の生成史を貫く縦糸として織込まれている。

「わしゃ、戸田港から来た」と屈強な青年は、大漁旗をかついで私と歩いた。「国や県は、港が使えなくなると騒ぐが、駿河湾が死んじゃこまるとはだれもいわない。工場のたれ流しはそのままで、ヘドロだけは海へ捨てたがる」。そういって彼は「おれは一発がたくりたい（あばれたい）」と、大昭和鈴川工場の堅く閉ざした門の前で足をとめた。長いデモ隊の後尾では、ヘルメットにタオルのマスク、中腰でジグザグする若者のすでに風俗化した一団が見られた。しかし、シュプレヒコール一つするでなく、まちまちな歩調ではあっても、ゆっくり歩く漁師団は鋼鉄のかたまりのように重かった。

公害追放に政治生命をかけると誓った富士市長渡辺彦太郎氏は、この日要請を黙殺して姿を見せなかった。県漁連副会長内野伊勢吉氏（自民党県会議員）は「イデオロギー的に片寄った集会」と傍観し、知事は「企業の操短考慮の外、漁民の反対承知で外洋投棄」という。「ヘドロの中には都市下水分がある」とこじつけたのは、市内の紙屋と、そのお布施にすがるミニコミの「経営者」たちである。駿河湾の潮騒は高い。

〈一九七〇・九・四〉

子蛙斉鳴

「ワガ町ハ緑ト太陽ト空間ノアル町ダ」トオッシャッタ市長サンガアリマシタ。コノ方ガ六年間市長デアル間ニ、町ノへどろトがすトめるかぷたんハ少シモへリマセンデシタ。コノ人ヲ教祖トスル新興宗教ノ一ツガボクラノ町ニアリマス。信者ハ多クアリマセンガ、富士川火力建設悲願寺派議員団トイイマス。昨年ノ三月ニハ朝早ク護摩ヲタキ（朝ガケ議会トイッテ有名デス）真夜中ニ祈禱ヲアゲ（闇討チ深夜議会トイッテ有名デス）御本尊「富士川火力」様ノ建設ヲ祈リツヅケマシタ。電力ガアレバスベテ衆生が済度サレルトイウ単純ナ教義デス。

コノ町デへどろヲイチバンタクサン流シテイル会社デハ、社長サンガようろっぱへ御旅行中トツゼン社名ヲ「へどろ製造会社」ト改メタヨウデス。九月一日（七〇年）ノ朝六時半ボクガコノ会社ノ前ヲ通ルト、高サ約三メートル、横三〇メートルノこんくりノ塀ニ、赤イらっかあノ吹キツケデソウ書イテアリマシタカラ確カデス。

九月一七日「公害企業主呪殺祈禱僧団」ガ町へ来マシタ。「補償金ノ下付」ヤ緩慢ナ公害防止トイウ「政治的救済」デハ公害ハナクナラナイトイイマス。「ソノタメニハマズ私タチノ祈リニヨッテ虐殺者（公害企業主）ヲ冥府ニ送リコミ堕地獄ノ裁キニ服サセネバナラナイ。私タチハ死者ノ霊ニ導カレテ葬送ノ呪禱ヲイタシマス、合掌」ソウイッテへどろ製造会社ノ正門デ呪禱シ、タレ流シノ排出口デ護摩ヲタキマシタ。一行八人。町ノオジサンノ中ニハ竹ヲ切リ薪ヲ集メテコノ呪禱ヲ手伝ッタ人モアリマス。「マタ来ル」トイイ残シテ呪殺祈禱僧団ハ小雨ノ中ヲ立チ去リマシタ。

公害ハ町ノ発展ダトマダ本気デ思イコンデイルオジサンガタクサンイマス。製紙会社デ働イテイルオジサンタチハ、操短スルトぼうなすドコロカ月給ガモラエナクナルカラ、へどろヲタレ流シテモ会社ヲトメナイデクレトオ願イシテイマス。オ父サンニ聞クト「アレハ輝ケル総評ノ輝ケル紙ぱ労連ノ東海地本富士地区紙ぱ労働者」トイウコトデス。へどろノ海デ泳イデモ痛クモカユクモナイ、由比ノ漁師ハ外人部隊ダトゴマスリ記事ヲ性コリモナク書クみにこみノオジサンモイマス。去年ノ秋、富士市公害課ノ大気汚染係ノオニイチャンガ、高イ煙突ガ出来ルカラ富士ノ空ハパッチリキレイニナラア、ト教エテクレマシタ。シカシ、汚レル範囲ガ広ガリマシタ。コンドハどうなつ現象ダトイイマス。ソノ前ハ、局地汚染ダトイッテイマシタ。

知事サンハ、ドンナ反対ガアッテモ外洋投棄ハヤッテミセルトイッタカラ、ボクラハ待ッテマシタ。スルト「ヤーメタ」トイイマシタ。オトナッテ、風マカセ口マカセ。コノ町ニハ「妓夫太郎ガ多スギル」トイッタノハウチノオジイチャンデス。ボクハソノ妓夫太郎ヲコノ目デタシカメテオキタイ。

蛙声庵子蛙総代　敬白

柏原の昭和放水路から二〇〇メートル位東の方の沼川を橋の上から見たら、すこし白っぽかったけれど、下の方へいってみると、意外にすんでいた。まわりは畑ばかりで、南がわに家を作っている所だった。べつにくさいにおいもしていなかったけれども、少し油が浮いていた。まわりに会社がなかったから、これは農家の人の流した農薬だと判断した。川の水を取って一週間ぐらいおいたら、底にもやのようなものが少しでてきた。

檜の赤淵川と沼川の合流する所で次の調査を始めた。川の中へはいったら、思っていたより水が冷たかった。ここは柏原の沼川よりも油がふえていた。赤淵川から流れてきているからだなと思った。でも公害らしい公害とは思えなかった。

今井の富士見橋の上からみたら、沼川にはヘドロがたまり、川底がもり上がってまわりはとてもきたなかった。それに橋の上にいても、とてもくさくて、下へおりて水を取ろうとしたけれど、くさくてたくさんとれなかった。柏原や檜の調査の時にはそんなことが全然なかった。橋の所には、

「死んだ川、お前はいつよみがえる！」

と、立て看板をしてあった。また川からは時々、あぶくのようなものが、ブクッブクッと一度に出ていた。五〇〇メートルほど上流、つまり東の方へいった所とはだいぶ差があった。一番ひどかったのは、動物が全然いなかったことだ。檜や柏原の沼川には、カエルが急に飛び出てきて、ぼくをびっくりさせたほどだった。でもこんなきたないところでは、すめないのもあたりまえだなと感じた。きれいな水にして排水口から出せば、この今井の沼川から急に死の川になったりしなかったのに。川の水をここでも取って一週間ほどおいたら、柏原や檜の三倍くらいのもやが底につもった。これではだれが見ても公害といえる。

今までの調査をまとめると、沼川は全体的に汚れているが、とくに今井の大昭和の所から、急に汚

れていることがはっきりした。ぼくが一番意外に思ったことは、今まできたないなあと思っていた沼川にも、今井の近くを除いて、おたまじゃくしや、カエルがいたことだった。

おじいさんに聞いたら、「昔はあそこで、魚を取ったりしじみを取ったりして、それを食べることもできたぞ」と、教えてくれた。「それに水泳をやったこともあったよ」と、おかあさんも言った。そんな沼川も今はほとんど死の川だ。

港もそうだ。漁業協同組合の人たちが、毎日のように外洋投棄に反対しているニュースがテレビに出ている。ぼくのおじいさんも、「海にすてるしかないな」と、言った。しかしぼくは、ヘドロを外洋投棄してもまた川から流れてくる。いくら捨てても、川から流れてきては、捨てた所がいっそうきたなくなるばかりだと思う。

陸上で処理すると、五〇億のお金がいるそうだ。しかし鈴川三丁目では、もう公害で一人の人が死んだという。一人の命と五〇億のお金では、人の命の方がたいせつだ。人の命はお金では買えない。こんなにせっぱつま

排水路と化した河川には昔日の面影はない（小川忠博氏撮影）

ってしまったのも、現在まだ工場からヘドロが流れてくるからだ。会社が処理施設を作ってきれいな水を流せば、川も港も、海もそして空だってきれいになるはずだ。(木村好孝・小学校・六年生　以下同じ)

まず、大昭和の近くの人の意見を聞いてみた。鈴川二丁目のおばさん、「あまりひがいはうけませんね、ただとたんがすこしさびるだけですよ」「チェ、たった一つか」「がっかりしないし、これからじゃん」「ほかをあたってみよう」

鈴川四丁目のおじいさん、「すごくくさくて、ごはんも食べれないいし、植物がすぐかれてしまう。せんたくも、めったにほせないし、テレビがじゅうぶん聞けない」など、いろいろ意見を出してくれました。

今井本町のおねえさん、「地下水の水が、すいとられて水が出ない。川や海には、きれいにしてから流してほしい」など口々に出た。

これできづいたことは、老人の人が、とくにたくさんの意見をのべてくれた。沼川を見ていて、「きたないな」「くさい」などわるぐちみたいにいってたら、やすんでた大昭和のおじさんがへんな顔をして、「四六年の六月には、沼川の水がきれいになるそうだ」といった。沼川はくさくてあわがたまり、見ていて、きもちが悪くなるくらいだ。

ヘドロで漁民たちは、おこりはてている。さくらえびもとれなくなり、いろいろな魚もとれない。漁民たちは、仕事がなくなって、うえじにしてしまうかもしれない。それだけではない。私たちの買うさかななどねあがりする一方。野菜もねあがりだ。

大昭和そのほか、汚水を出す工場は、どんなきもちで流しているのだろう。政府はなにをしているのだろう。「くやしいな」と言う気持だった。ヘドロ事件で、病気になったりする人も、でてきた。こんなことが、いつまでもつづいていたら、死んだり、重い病気になる。私たちは、町へでる時、ボンベを持って行かなければならない時代になってしまう。

（渡辺志津子）

田子の浦港は、いつ見てもきたなくて、海という感じがしない。まるで底なし沼のように見える、海水は、ヘドロでドス黒くなっていて、そこらじゅうに悪しゅうを放っている。海水をすくっただけでも、ぬるぬるしたヘドロがついてくる。ビニールなんかも、たくさん浮いている。これでは魚が死んでしまうのは、あたりまえではないだろうか。漁業をしている人たちの気持が、わかるような気がする。漁民たちは、「きれいな海を返せ。これは海ではない」などとうったえている。少しは、漁民の願いを聞いてやっては、どうだろうか。私は、港のまわりを歩きながら、「製紙会社や食品会社から出るものは、みんなきれいに処理してから海へ流せばいいのに」と思った。

私は、ちょっとおそく歩きながら、港にとまっていた船をじっと見つめていた。それは船が底についているように見えたからだ。海に浮いているゴミで、波の変化があまりわからないためだと思う。港の近くにあるホテルと、バーベーキューのようすを見にいった。バーベキューのおばさんが、若い人と親しく話しをしていた。「このごろじゃあ、公害がひどいからなのか、人が来ることがすくないねえ。まあ、大きな祭りがある時は別だけどね」とおばさんが言うと、「まったくそのとおりだよねえ。海はきたないし、くさいにおいはするし、人がくる方がふしぎなくらいだね」と言っていた。ほんとに、そのとおりだと思う。

沼川は、田子の浦港と同じくらいきたない。ほかにも、和田川、滝川なども沼川と同類だ。あわがたくさん浮いていて、えび茶色のようなきたない色をしている。それに、とってもくさい。この川も悪しゅうを放っているようだ。魚いっぴきすんでいない川、こんなに悪条件のそろった川があってもよいのだろうか。川と言うより、ドブと言った方がにあっている。

大きな会社のあるこの辺は、えんとつから出される悪しゅうがひどく、ぜんそくにかかっている人がいる。えんとつが高くなったために遠くの方まで公害に苦しめられている。このことを、ニュースでは、「ドーナツ現象」だと言っている。そのわけは、えんとつが高くなったために、近くにはけむりがふりまかれず、遠くの方に住んでいる人たちに、けむりがふりまかれるからだ。ドーナツ現象とは、よく言ったものだと私は思う。

会社からは、毎日毎日休まないで、工場廃液が出されている。よくあきずに出ていると思うくらいだ。一日どれくらい出ているのか。それより、いままでどのくらいたまっているのか。

元吉原中学は、悪しゅうのもっともひどい所だとニュースで聞いた。港は近いし、大きな会社も近くにあるためだろうか。亜硫酸ガスが、〇・〇七五ｐｐｍもあるそうだ。ふつうは、〇・〇四五ｐｐｍがよいとの話しだが、〇・〇三〇ｐｐｍもオーバーしてしまっている。

道を歩いていても、公害反対についてのことばが書いてある看板を見る。そのことばをよんでみると、もっともだと思う。

私は、今は公害について何もできないけれど、公害反対はできる。一人でも公害反対者を多くすれば、会社の方でも、「それでは」と公害たいさくにもっと力を入れるかもしれない。だから私もその一人に加わるのだ。それでも会社側がわかってくれなかったら、と思う必要はない。だっていくらお金がだいじでも人の命にはかえられないからだ。

とにかく私の出きることは公害反対者の一人になることだ。

（木村素子）

公害は、人生の敵だと思う。田子の浦港のヘドロ、大気汚染などこまる問題がある。このことで二、三週間前、大きな集会があった。大昭和製紙鈴川工場は門をしめていた。その門はたおされた。港は百隻以上の漁船でいっぱいだった。川、港、海はまるで死人のように赤っぽい色で、ぶきみだ。ぼくは、これだものさわぐわけさ、と思いながら、漁船を見ていた。

その漁船は由比や、戸田の方からやってきた。船の所に、漁師がこわい顔をして立っていた。船には、公害反対、駿河湾を返せ、魚を返せの旗をいさましくつけていた。大きな音をたてて堂々とやってきた。

すみっこに警察がついていた。なんで、警察がいるのだ。漁民はなにも悪いことはしていない。公害を出している会社が悪いではないか。漁民を取りしらべたりするのは反対だ。

漁民たちは、港を三回ぐらいまわって、旭化成の方におりたあと、大きなプラカードを持って、さまざまなかっこうでやってきた。静岡大学、島田商業などの学校もさんかして、はちまきをしながら片手をふり上げておこっていた。

集会の中央には、きちんといすや机なども用意し、マイクはもちろんのこと、おでこには白い布で公害反対ということを書いたはちまきをしながらおこっていた。ぼくはこのようすを見て、ほんとにおこりたくなった。

船が動くたびに、黒茶色のものが流れていく。これでも海水のつもりか、といいたくなるほど全く汚れていた。ぼくは、すぐ下の海水を見たら、小さいあぶくがでてきた。こんな所に魚がいるはずがないのにおかしいな。これはもしかしたら、ヘドロからでてくるメタンガスとか、有毒ガスかもしれない。ぼくは、この前車ごと田子の浦へ落ちた人のことを思いだした。このガスでは二人に一人は死ぬのがあたりまえになったみたいでますます港がこわくなった。

少し前方をみたら、白いアワがいっぱいあった。これがまさしくヘドロというのか、と思った。大気汚染も、へんなにおいで、岳鉄でも一人が中毒で病院に運ばれるありさまだ。これじゃあどうしようもない。今、今こそ公害をたおそうではないか。一人一人が助け合えば、へっちゃらさ。

（高橋　正）

〈一九七〇・九・二〇〉

鉢巻きと冠

今年（七〇年）のさくらえびの秋漁は漁場が遠くなって、大井川の沖合いまで出かけなくてはならない。由比港ではいつもなら歩いて一〇歩の港から出漁し、明け方一〇〇杯、一五〇杯とさくらえびを満載して、そこへ帰ってくるのに今年はそうしたサイクルが、完全に狂ってしまったようだ。漁船を焼津港に置いてあるので、そこまで通勤する羽目になった。

なぎの日の午後になると、ゴムの半長靴をはいた彼らが鉢巻き姿で由比駅へ集まってくるが、そんな風景はここしばらく見なかったことである。「どうだ」と声をかけると「まあ、まあだ」とあまり自信のない返事をするが「今晩なければあしたの晩さ」といつも明日へ明日へと期待をかける彼らは、三日や四日の不漁にはあまり気をつかわない。体にしみこんだ、さくらえびの臭いを、電車の中まで持ちこんで焼津港に向かう。

六〇統一二〇隻の漁船団が舷舷相摩すばかりに冬の海を疾走する夜曳きは、曳光の美学ともいうべき華麗な光景を展開する。限られた海域にそれだけの漁船が集中し、漁灯を交差させて疾走するのであるから、そこだけが幻想的な照明の中にくっきり浮き立つのである。接舷したまま全速で走りぬく二隻の僚船《ともぶね》は、ラット場で操舵する船長の一声でつなぎ綱をはずし、網を落としながら九〇度の方向に分船する。網は百尋、ときには二百尋と沈む。その上を重ね合わせるように、他の漁船が網を落として走りぬける。

二〇分もすると僚船は網を巻き上げながら近づいて、再び接舷状態になったころ、袋網が上がってくる。さくらえびは引揚げられた時よりも、大きな塊となって袋網の中で浮游している間のほうが鮮やかな紅色にそまっている。二〇分から三〇分の時間をおいて終夜くり返されるこの作業は決して単調ではない。

一回一回の漁獲によせる心の躍りがあるからというだけでなく、疾走し、分船し、接舷し、そしてまた疾走する狩猟者の賭けがすべて光の交差の中で色どられるからである。そのときこの演出者の心意気をくっきり浮き立たせるのが、純白のタオルの鉢巻きである。

鉢巻きといえば、いまでは祭の若衆やデモ隊に見かけるぐらいになった。私は身近の「おやじ」の何人かを思い出す。田子の浦の夏の怒濤に飛びこむときは、うねりが崩れる寸前に突っこめと教えてくれたのは地曳網の直作じいさんであった。彼はいつも片眼がかくれそうに深々とタオルの鉢巻きをしていた。浜で働いているときはいうまでもない。炬燵《こたつ》でうずくまっているときもはなさなかった。

大工の市さんはいつもきりっとねじり鉢巻きをして、口にふくんだ釘を手品師のように取り出しては、ぽんぽんと板に打ちつけていた。いまでは大工や鳶職《とび》はヘルメットを着け、農民は農機具屋の宣伝文句が印刷された帽子をかぶるようになり、わずかに漁師の間に、この風習が受けつがれている。タオルにしろ手拭にしろ、彼らにとって鉢巻きは、労働と仕事柄を示すシンボルであるばかりでなく、実用的な価値があった。

由比の漁師たちはタオルの鉢巻き一本は肌着一枚分に相当するという。あれをしていると、ぬくといというのである。どんなに寒い冬の海でも彼らは帽子をかぶらないし、町を歩くときもはなそうとしない。千葉の波崎の漁師は眉がかくれるように深くして、うしろで結ぶが、わしらは額を広く見せて前で結ぶ、そういって鉢巻き談義を聞かせる大黒丸の潔は、右側を少しずらせていなせ振りに気をつかう船長である。

今年の夏、ヘドロの外洋投棄をめぐる狂った政治の季節に、彼らはそのいでたちで何回も集会しデモをした。しかし彼らが鉢巻きをしているというそのことだけで、まるで未開人のごとく蔑んだ者があった。私の町の代表的な製紙の経営者と、そのおこぼれにすがってローカル紙を出している「記者」と知事であった。鉢巻きをした漁師を恐れるようじゃ政治はやれないと彼らはいった。鉢巻きはそんなに野蛮な風俗であろうか。

私は『史記』の匈奴伝を思い出す。最高の文明を誇った漢帝国と、草原狩猟民族の匈奴との対決は、文明と非文明について考えさせる。

武帝の生涯は匈奴征服の野望に終始したが成功したとはいえない。

三代文帝になると懐柔に出た。このとき宦者燕人の中行説を皇女の付き人として遣わしたのはそのためであったかも知れない。

「文明」になれた中行説は、はじめ蛮地に遣わされることを不満としたが、草原の生活は彼の文明観を根本的に改めさせた。ときどきやってくる漢帝国の使者たちは「匈奴では父と子が同じ幕舎に寝、兄弟が死ぬとその妻をとって自分の妻にする。まして衣冠束帯の服飾もならわしもない」といって蔑んだ。

中行説は、「なるほど匈奴では、家畜の肉を食い、その乳を飲む。着るものは動物の皮である。水を求め草を捜して移動するので、きまった家もない。しかし戦時には人びとは勇敢にたたかい、平和になれば無事をたのしむ。約束ごとはすべて簡単で、誰でも実行しやすいようになっている。兄弟の妻をめとるのは血統を守るためだ。ところが文明国漢では体面を重んじ形式的な儀礼を尊ぶが、その実、かげでは怨みあって暮らしているではないか。りっぱな城郭を築いても、いくさの時功をたてようと戦う勇者は少ない。土の家に住み、頭に冠をのせたって何のことがあろうか」

「冠固何当」、中行説が、漢文明に向けた痛烈な批判がこれであった。北方のきびしい風土はそれに適応する生活の技術と様式を生み出した。肉を食い、乳を飲み、毛皮を身につけるのもそれであり、君臣の間も「簡易」であって、一国の政治が自分一身のことのようにとけあっているところでは、冠の如きものを着用し、地位、身分、権力を誇示する必要はない。

わが国でも冠は推古朝のころ、制度化され、役人が着用するものと決まっていた。位階によって区別されたように身分、地位、権力を象徴する。細分化することは差別化することであって、それによって秩序を維持しようとするとき、権力の支えによらなくてはならない。官僚国家としての漢帝国は冠をもっとも多く必要とした国家であった。

職人はいうまでもなく農民漁民の間で、自然に風俗化されてきた鉢巻きは、働く人間の心意気を象徴しても、権力や差別を現わすものではない。漁民の間で頑固にそして美しく守られている白いタオルの鉢巻きは、彼らが海の狩猟族として戦闘性と活動性を伝えていくかぎり滅びない風俗である。

冠をほしがる多くの「文明人」たちが、たとえば管理社会で無限上昇を願いつづけるサラリーマンたちが、血みどろになって労働時間の短縮やベースアップを求めているとき、海の狩猟族たちは、一年を六カ月で稼いで「寛則人楽無事」(平和を楽しんでいる)。どちらが文明というべきだろうか。

〈一九七〇・一二・二二〉

ヘドロ不始末記

昭和四五年一二月二四日夜

司会者（日東町内会・鈴木軍一さん）「今晩は話しあいでなく、ヘドロ投棄反対住民総決起大会でございますから、ご承知願います」

住民「そうだ、そうだ」（はげしい拍手、喚声）

司会者「それで、はなはだせんえつでございますが、委員長がのどが痛いということで、私が代って司会させていただきます。言論は尊重いたしますが、地元が生きるか殺されるかという重大事でありますから、お祭りのような発言は制約いたしますから、あらかじめ諒承願います」

住民「そうだ、そうだ」（拍手、喚声）

司会者「大会の進行につきましては、すべて司会者ならびに各区選出の委員のさしずに従ってくれるようお願い申します。

富士市長さんに申し入れます。今晩はただいま申したように決起大会でありまして、話しあいの場ではありませんから、挨拶ならびに経過報告ということにしまして、あまりつっこんだことは立ち入らないようお願いします。もし、あまりつっこんだ発言がありますと発言停止ということがあります」

住民「そうだ、まちげえるなよ」（拍手、喚声）

司会者「それでは、対策委員長藪谷さんの挨拶お願いします」（住民——拍手、喚声）

対策委員長（三四軒屋町内会長・藪谷儀重郎さん）「皆さん、おいそがしいところごくろうさんでございます。私ども富士川左岸に住む住民といたしまして、降って湧いたような難問題が持ち上がりまして、区長が寄りあつまりまして、さてわれわれはどういうようにして反対しなければならないかと協議したわけであります。それでとりあえず各部落毎ではだめであるから、一応、団体をつくろうと、団体をつくるには委員長、副委員長もつくらなくてはならないということになりまして、私は再三じたいしたわけであります。というのは老骨でもありますし、こうした重大事件の執行委員長として、自分が耐えることができないと思いましたために、じたいしたのでありますが、地元の区長であるから、どうしてもやれとつき上げられたようなわけで引き受けたわけであります。

さて、わたくしとしまして、会がつくられて今晩がはじめての大会であります。結成されたときに陳情に行きました。第一回目は反対陳情の署名をとりまして、二、〇〇〇名の署名が集まりました。市の市長、ならびに県の副知事、それから県会議長、建設省へも陳情にいったわけであります。そのときに物足りなくて、陳情書以外にわたしは副知事にたいして、どうしてこういうことをやるのだ、わたしは県の行政、市の行政、そして住民が苦しんでいる情勢を逐一説明して帰ってきたわけであります。

かりに一つの例をとりあげてみますと、県は富士川の河原のバラスの採取を許可したわけであります。――その結果どういうことがあらわれたかといいますと、田子の浦海岸は浸蝕されたわけであります。そういう状態にもかかわらず、県はいぜんとしてほうってある。市は市で、屎尿処理の衛生プラントを三四軒《さんしけん》屋部落のここへもってくる、ゴミの焼却場をもってくる、それにまた企業廃棄物をもってくる、というわけで人のいやがるものを全部富士川左岸のわれわれのところへおしつけてくる。われわれ住民はどういうことになるか。法律にも憲法にも、安心して住める、向上した生活ができるようしるしてあります。それにもかかわらずわれわれ住民をないがしろにしたようなことであるなら、ぜったいわれわれは承知できない、ということで起ちあがったわけであります。

で、また行政を考えてみますると、三四軒屋部落はろくに道路もできていない。――交通事故も多くなっている。にもかかわらず行政指導をしていない、というようなことから、不満に感じまして、同じ富士市の市民でありながら、あまりにも片よっているではないかと反対の陳情をしたわけでありまして、今晩は皆さんのなまの声を県及び市にたいして、責任者が来ておりますから、なまの声をきかせてやっていただきたいと思います」(拍手)

司会者「こちらにいらっしゃるのは地元の各区長代表でございます。むこう側は、いちばんこちらにいらっしゃるのは渡辺市長さん、次が永原副知事さん、その次が青木助役さん、その次が県の山田土木部長さん、それから副知事さんのうしろにいる眼鏡をかけておる方が企画調整部長の上原さんでございます。以上。それでは、さいぜん富士市長さんに申し入れた通りに、ひとつお願いしまして、渡辺市長さん」

富士市長渡辺彦太郎さん「ええ、富士市長の渡辺彦太郎であります」

住民「わかってらあ」(騒然)

市長「年末も大変おしつまった今晩、多くの皆さんとこうして、お顔を拝見することができて、またご意見を充分お伺いできますこと、大変うれしく存じます」

住民「なによぬかす……」（騒然）

市長「ええ、ご案内と思いますが、各区長さんにも、この問題について一つ、市側といろいろ意見交換させてほしいということを再三にわたってお願い申し上げたところでございます。ええ、心からお礼申し上げます……」（会場、騒然）

市長「もう、皆さんもご案内の通り私ども、富士市のなかで、いま産業公害としてはおそらく日本でも指折りのような状況になっておるので……」（会場、騒然、罵声飛ぶ）

市長「そういう現状に四五年の正月からなってしまった。これは大変な話であります」

住民「誰がした、はっきりいえ」（騒然）

市長「もう、ええ、そういう産業公害から一日も早く、やはり、ええ、富士の町というものをよくしなければならない、これが私の任務であると同時に、皆さん、同感だと思うしそれに一しょになって取り組まなくてはならない責任があるわけであります」

住民「市長、市長、そんなこたあねえぞ、責任はどこだ」（騒然）

市長「汚水の問題で、田子の浦港が一時浚渫を中止した結果、港湾にあのヘドロが堆積いたしまして……」

住民「ばかいえ、たれ流してるからだぞ」（騒然）

市長「もちろん、これらのヘドロが堆積する元を正さなければならないのであります」

住民「いつやった、流しっぱなしじゃねえか」

市長「工場から出る排水は、きれいな状況で流れればこうした問題はおきないのであります」
住民「あたり前えだ、おらあ、そんなこと、聞きにきたじゃねえぞ、おい市長、わりゃ、選挙のときなんせったあ、いえ、いえ」（騒然）

市長、しばらく立ちすくみ、ひたいの汗をふき息をいれ、元気を出して、

市長「一挙に、一日二日でなおすわけ……。大企業あり、中小企業あり、それぞれの質がちがう。約一五〇社から流れる水でありますから、富士市の力をもってこれを全部、できるわけではありません。私は考えました。市としてもなかなかできない。こういう課題があたえられましたので、私は四月後半から、今日までどうしても、これは国家的の見地で解決してほしい、それでなければ……」
住民「大臣のようなことというな」（騒然）
市長「とぼしい市財政や、私たちの力のなかではできない。また法規制もちゃんと整理されているわけではありません。今月の臨時国会でも、国が一四の公害関係法律を制定することができたわけであります。これから、富士市の排水の問題にいたっても、多くの議論が各省庁で……」
住民「なにいってるだ、国会じゃねえぞ、お前富士の市長ずら」（騒然）
市長「閣議の決定をみて、今後の対策は進む」
住民「ねぼけるな」
市長「また、ええ、水質の基準についても明年七月から、これが実施される、そういうなかで大企業は大企業なりに……」
住民「そんなこと聞きに来たじゃねえぞお、反対運動だ、総決起大会だ」
住民「さがれ、さがれ」

住民「司会者、おうい、藪谷さん、今日は反対運動ずら、何のために集まったのだよう」（騒然）

市長「今回も……これらのヘドロの問題にいたりましては、正直のところ、問題がありますので……」

住民「さがれ、帰えれ」

住民「わりゃ、どっちむいてものを、いってるだ、わりゃ、どこの市長だ」（騒然）

市長「富士市発展のために……ご理解を……」

会場、騒然となる。

住民「なにが富士市の発展だ、枕元へ、ヘドロを持ってこられて、なにが発展だ」

住民「ヘドロだ、ヘドロだ、ヘドロでもくらやがれ、県の役人と、ぐるになりゃがってよ」

住民「選挙のとき、わりゃ、なんせった」

司会者「司会者から、ええ、司会者から」

会場、やや静まる。市長座る。

司会者「永原副知事は、一部住民に反対があっても投棄を強行すると発言した。最近のテレビ、新聞、議会における知事さんの一連の発言は、地元民の意向を無視し、投棄を前提にし、権力を肩にした政治の発言でありまして……」

会場、いっせいに拍手

住民「そうだ、そうだ」（喚声）

司会者「いつ、どこへ行くかわからないような役人や、副知事さんを信頼することはできないのであります」

会場、拍手、「そうだ、そうだ」

司会者「永原副知事さん、発言」

住民「このヤロウ、なめるなよ。このヤロウ!」

住民「ほら吹くな、ほら!」

副知事永原稔さん「県議会におきまして、特別委員会において、私が発言したというように報道されておりますけれども……」

住民「そうだ、そうだ、そうじゃねえか!」(騒然)

住民「つまみ出せ、このヤロウ、反対だぞ、反対だぞ」

副知事「反対を、無視するというような発言はしておりません、誤って報道……」(会場、騒然)

副知事「誤って報道されておりますので……」

住民「わりゃ、会社と仲よしずら」

副知事「そのような……」

住民「帰えれ、帰えれ……」

司会者「以上をもって、閉会といたします」

バンザイ、拍手、喚声、引き潮のように解散。

ヘドロの外洋投棄計画は昭和四五年九月一六日破棄された。もっともこのときは延期という言葉がつかわれた。竹山知事は「延期」にいたったいきさつを一〇月県会で説明した。それによると漁民が反対したからではなく、たまたま同じ時期に東京で開かれた国際海洋学会の学者たちに、文句をつけられたためだと説明した。とくに東海大学の宇田道隆教授を指摘してそういった。「鉢巻きをした漁師をおそれるようでは政治なんかやれない」というのが竹山知事の政治信条であったから、このことは本心であろう。しかし、その漁民たちが一月の知事選挙では、いち早く竹山氏を推せんした。漁民といってもこの場合正しくは県漁連のことである。

一〇月中旬になるとヘドロは港内で移動するといい出された。いち早く反応したのは鈴川埠頭に接する鈴川砂山地区と、貯木場に近い依田橋地区であった。この人たちの声と姿は夏のヘドロ問題のときにはまだ地の底に沈んでいた。

子供を背中にくくりつけて田子の浦港管理事務所へおしかけた鈴川砂山の主婦たちが、事務所長につめよると「この港は、県にとって水揚げの大きい港です。港をふさぐわけにはいかない。だから港内移動をしなくてはなりません」といった。

ヘドロ問題でそれまで意志表示をしなかった富士市長渡辺彦太郎さんがそのときはじめて「住民の健康を守る」と市民の前に姿を見せた。有為転変の世とはいいながら、不肖の子ヘドロは一〇月末になると三転して「富士川河川敷投棄」という計画にのせられた。そのとき静岡県土木部は『富士川河口における汚泥処理について』具体案を富士市に示した。一一月一日、富士市民協は「ヘドロを富士川へ捨てて恥じない人たち」という声明を出した。住民に向け「川へゴミを捨てるな」ときびしい禁札を立ててきた県、市がとつぜん禁制を無視するのはおかしい。ヘドロの処理が二転三転するのは、捨てて始末をつける思想を信じるからである。科学的な事前調査もなく、二次公害処理の技術的開発もなく、『被害が出たら中止する』というのは運搬船二隻の改装費、沖待ち料あわせて三億五、〇〇〇万円の支出に名目をあたえるための政治的決定である。市会議長中村新吾氏と、県会議員羽切松雄氏、市会議員外山義一氏（田子の浦選出）は二次公害なしと地元の説得にあたっている。どんな科学的理解に立ってのものか説明せられたい、黙っていればまた一つ、自然の大破壊が進む。産業廃棄物は発生源で処理するのが大原則で、田子の浦港のヘドロの処理は、タレ流しを中止することが先決であるという声明だった。ヘドロの処理が、もとをただせば、何のために、誰のためのものか、そのことをわたしたちは問うたのである。

一一月一六日、富士市長はヘドロ生投棄について県へ意見を具申した。「富士市は住民の健康保護が保障され、かつ汚泥処理費の大部分を企業負担に求めているところから、その効率的使用が図られることを基本的条件に、富士川河口における汚泥処理を了承する」というのである。二、三技術的な問題点を指摘するかたちをとってはいたが「了承」の手形を県へ渡した。企業が自腹を切る七億円のヘドロの処理費がどのように使われようと、富士市長がセンキを病む必要はない。住民の健康保護が最優先だ、といってもそれは基本的条件ではない。たれ流しを根っこでとめる歯止め対策を市民に示してこそ「健康保護」の言葉が生きる。

左岸九町内では「富士川左岸ヘドロ投棄反対同盟」がつくられ一二月九日県庁へ陳情に出かけた。「糞尿処理場、ゴミ焼き場及び市が指定した産業廃棄物のゴミ捨て場がある。さらにこの地区の鼻先きへ二次公害のおそれのあるヘドロを投棄するのは固くお断りします」というのだった。

翌日の朝、私とこの九町内の町内会長は、ＮＨＫＴＶの「行きづまったヘドロ生投棄」へ出演した。町内会長さんらは声をふるわせ「われわれは無条件で絶対に反対する」と口々に叫んだ。

一二月二四日、田子の浦農協で開かれた県、市と住民の話しあい、住民のいう「ヘドロ投棄反対住民総決起大会」は、こうしたいきさつで開かれ、そのときの会場の空気と発言者の正確な記録がこれである。

それからまもなく怪文書が、反対地区へ乱れ飛んだ。怪文書であるから、いつも無署名だ。「愛郷の士より」という時代がかった文書である。三四軒屋地区のSが持ってきて私に見せた。「我我も部落民なれど、県市の方々に恥をかかす様な話は聞いた事もない。子々孫々に至るまで、行政官庁に悪い感情と互に心のわだかまりを残す様なことは頼んだ覚えはない、必ずしも賛成とはいわないが、地元議員そして市長始め市当局に恥をさらす様な行動は慎んでいただきたい」。Sは地元だからすぐ身元を割って見せた。そして「モウロクじじいめ」といった。ご老人は、アカの市民協などにそそのかされるな。お役人や議員さまに土下座してよきようお取りはからいお願いせよ、というのである。

昭和四六年一月二三日

一月二三日の晩、富士川左岸九町内の住民は再び田子の浦農協に集まった。ヘドロを富士川の河原へ捨てることは、天下の御政道にもとるものでないとする「お上」の声を聞くためであった。昨年の一二月二四日からちょうど一カ月たっていた。このひと月が、住民と「お上」にどういう時間であったかは、やがて明らかにされることだろう。

一二月二四日、副知事にわずか二三秒の弁明しか許さなかった住民が、この晩四五分の演説を傾聴したのは、やはりこの正月はいつもとちがったひと月だったからかも知れない。

一二月二四日といっても、キリストさまとかくべつ関係のない住民のことであるから、ただ暮れもおしつまったこんなときにと、いくらか迷惑ではあったが、ヘドロをおっかぶされるとなれば、暮れも正月もない。「やあ、いかざあよ、今夜はひとあばれしてやらざあ」と浜の三四軒屋、宮下、五貫島からも、バイクのある者はバイクへ乗って、自家用車のあるものは近所の衆と乗りあわせて、農協へ集まったものである。代表司会者日東町内会の鈴木軍一さんは「ヘドロ投棄絶対反対住民総決起大会だ」と宣言し、反対同盟委員長三四軒屋区長藪谷儀重郎さんも、「憲法にも安心して住めるようしるしてあるが、われわれ住民をないがしろにする(ヘドロの投棄)は、ぜったい承知できない」と決意をのべたほどであった。

しかし、一月二三日の晩は、お二人とも言葉少なく、きわめて礼節ある司会とごあいさつをなされた。「おかしいじゃあねえか、いつ飲まされただよ」とそんな声がぶつぶつ出てきたように、「御政道」多年の仕儀を見つくしてきた住民のほうはけっして静かではなかった。

副知事永原稔さんの、ヘドロ投棄施政方針演説は、いきなり陳謝から始まる。「これまで県にいろいろの要望がなされ、それがなしのつぶてであったとおしかりを受けるのは当然だと思います。そのような態度をもしも、わたしどもがとっていたとするならば、そっちょくに非を認め、そういうことは、今後ぜったいにないということを、最初にはっきりお約束したいと存じます」一言一言明快に区切って約束なされた。

富士川左岸九町内といっても、とくに三四軒屋地区の住民が、ながい間県や市へ出してきた要望の中で、もっとも重大なことの一つは、海岸浸蝕から身を守る防潮堤増強のことであろう。富士川の河口に隣りするこの地区は、富士川の砂利の乱掘による海岸浸蝕をまともにうけてきたところである。「昭和三八、九年頃までは一五〇メートルから二〇〇メートルぐらいあった砂浜が、いまではゼロになった」というほどに、ここの海岸は、身の毛がよだつほどえぐりとられている。昭和四二年の台風二六号はこのもろい海岸におしよせて、もろにこの部落を水びたしにした。田子の浦港の西突堤で漂砂が東へ流れるのをせきとめられた私の今井部落でも、そのとき同じ高波で死者九名のギセイ者を出した。富士川の無原則な砂利採取と、自然の法則にさからった田子の浦港の築港は、徐々にしかも確実にこの自然を半身不随にし、沿岸の住民をおびやかしつつある。

その上、三四軒屋地区には遠心分離機が故障しっぱなしでたえずたれ流しの富士市屎尿処理場とゴミ焼却場がある。町の日蔭地帯だという積年の不満を、副知事さまと市長さまは、まず解消しない限りヘドロ投棄問題はにっちもさっちもいかなかったのである。「そっちょくに非を認め、そういうことは、今後ぜったいにないということを最初にはっきりお約束」しなければならなかったが、副知事さまはいつまでもそんなことにかかずらうより、この富士市の現在と未来が、田子の浦港によって祝福されていることを力説するほうが先きであった。「東厚西薄と非難されながら、県はここに百億の金をつぎこんで、国際貿易港をつくりました。これを受けて富士市地域の発展は目ざましいものがあります。富士市民の方々の所得あるいは人口の集まり方、あるいは生活水準の高まり方は、他の地区より進んでおります。こういえば、おれの生活は港とは関係ないという御意見も出るでしょう。しかし、目に見えない関連があるんです」

たしかに関連はあった。そのぬきさしならぬものが公害である。大気汚染のB地域に指定された空の汚れ、公害病患者の認定、小魚一匹棲まない死の川とヘドロの海。そのヘドロこそいま「一万トンの船が出入りできると天下に告示した港に、五千トンの船も底をするように」させてしまったのだ。だから副知事さまは「重要港湾としての田子の浦港が閉鎖されるということになれば、これは、国の経済にとって重大事であります」そこで一万トンのチップ船が出入する中央航路のヘドロを海洋に投棄することを思いついた。ところが「県内の漁民の反対だけでなく」、「国際海洋学会に反対を決議され」、「原則として陸上で処理すべきものと考え直し」、「硫化水素は海でなくても処理する自信ができました」、「ヘドロは有害物ではありませんが、見た目はきれいではございません。なるべく、人家から離れたところで処理することが望ましいと思います。最小の経費で最大の効果をあげなければならない。こういう観点から、広い富士川の河川敷を使わしてほしいという気持になった次第で、けっして皆さんにあとあとめいわくになるようなほうりっぱなしはしません。多くの人の前で、これだけの静岡県の職員が出てお約束することなのです。絶対に申した約束は守ります」

「第五番目」にと副知事さまはこの狂った御政道の処理技術を御説明なさる。

「ヘドロを吸い上げるポンプの馬力はそう大きくはありませんので、浮かび上がるような事例がもしあるといけませんので、幕を張って（ヘドロ）が海に流れ出るのをふせぐようにいたします。吸い上げたヘドロは船の中で消石灰で硫化水素を消します。船は一つの処理工場です。この船を富士川の河口の二〇〇メートルぐらいさきに運び、そこの二つのケーソンからポンプで河原へ送ります。そのとき凝集剤として塩化第二鉄を入れ中和させます。船はこうした処理工場ですから、どうしても使いたいのです。ヘドロのなかにふくまれているカドミウムや水銀は、ふつうの田んぼにあるものと変りないんです。だから皆さんが心配するような状態にならないことを確信しております。地下水は東側（左岸）へ流れません。大量のヘドロをどの程度の日数で運び出すと乾くか、そういうようすを見ながら、次の処理方法を考えようと思っているんです。最初にいいましたように、処理したヘドロはけっして私はきれいだとは思っていません。けれど、一つ全体のことを考えて、けっして皆さんにごめいわくをかけるようなことはしないことをお約束しますので、このさいがまんしてやらせていただきたい、なんとしても協力してほしい、こういうことを重ねて申し上げてお願いといたします」

副知事さまにしてはめずらしい大演説だった。秋にはヘドロ問題の御心労で吐血までなさったおからだだから、おつかれあそばされたのもごむりなかろう。椅子につくとがっくり肩が落ち、呼気は荒荒しかった。田子の浦港は、前の知事斎藤寿夫さんの時、第六次総合開発で進めた仕事である。そのときいちばん熱心で忠実な計画の推進者が永原さまでいらっしゃった。だから、五千トンの船が底をするようになってしまった醜態を放置するわけにはいかない。このとき副知事さまが政治的道義的な贖罪意識をお待ちであったかどうかわからぬが、そうした因縁があればあるほど演説はおのずから熱がこもり長いものになったのだ。県議会でもこんなにやさしくていねいな演説を聞いたことのない私は、静岡県で二の君の御苦衷をおしはかりながら、ふとある日「したたかな哄笑」が知事室にひびき渡ったときのことを思い起した。

あれは昭和四四年三月六日の午後二時頃だったな。わしら、富士の土民たちはむしろ旗をおっ立て、富士川火力建設問題で「竹山知事にあわせろ知事にあわせろ」と駿府城へおしかけた。対岸の富士川町からもお百姓やおかみさんたちが三〇〇人ほどバスを仕立てておしかけていた。県議会は開会中で知事は姿をあらわさなかった。一時近くに議会が終った。知事は議場からそのまま自民党の控え室へ脱兎のごとく転りこんだ。その扉の前でわしら土民たちを腕づくでおし返した県会議員がいた。「あれは誰だ」とわしは近くの男に聞いた。「あれか、沼津出身自民党県会議員岡田吉信。もと公害反対沼津市民協会長」とのことであった。沼津三島のコンビナート反対住民運動に主役を演じたその人は、いまわしらの富士川火力反対運動の向う側に立っている。おしあいへしあう人の波の中で、わしはその男の顔だけは記憶しておいた。ころび伴天連は住民運動にいつもつきまとうものであるが、彼はこの地方における「ころび」のはしりのようなものだった。後年、というと昭和四四年一二月の衆議院選挙のとき、自民党遠藤三郎派から公害企業主大昭和斉藤滋与史派にくらがえしたのもこの人である。「土民には会えぬ」と一度は籠城した竹山知事も代表とだけは会うことになった。知事室の長いテーブルの中央に知事が坐り、その右側に富士川町の町長中川国兵さんと町会議長、そしてわし、向う側のそでに富士宮市の藤田議員というふうに並んだ。「蒲原軽金のフッソガスでやられている富士川町が、また火力発電所の亜硫酸ガスでやられるのはこまりますので、知事さんなにぶんよろしくお願いします」と、富士川町のお二人はうなじを見せて深々と頭を下げた。知事と町長、まるで月とスッポンのような位相におかれた両者の間には政治的力学が作用する。

わしが竹山知事をこうして見るのははじめてだった。松村謙三氏の弟子といわれるこの老政治家の自信は当然ながら、あの町この村の議員とはくらべにならない。ゼニにはかくべつきれいだという説もある。

そんなことをあれやこれや思い出していたわしは、うっかり「竹山さん」と呼びかけた。知事はぎょろりと眼をむいた。「いまの富士の公害は、県に責任があるなあ。第六次の開発計画で田子の浦を掘り、旭化成をもってきて、それからさ、ひどくなったからよ。その責任ぐらいとってくれないで、こんどは火力発電所もってくるなんて、ふんだりけったりだあ」土民がほんとのことをいおうとすれば、どうしても土語がまっさきに飛び出す。「ばかいえ」右手でソファの肘かけを叩いた知事は「あれやな、おれがやったじゃねえ。君らんとこの斎藤寿夫が、ほしがってやったこんだ」と、言下に言い切ったのである。そして、二、三秒テーブルの左片隅に半眼を落していたが、とつぜん「ワッハハハ」と天空海濶に哄笑した。

「わしは、前知事の公害遺産の相続人じゃないぞ」そういう毅然たる現職知事の衿持が、すでに政界から姿を消した男へのあらわな敵意となって躍っていた。

「おれがやったんじゃねえ、前の知事の仕業だ」という竹山知事の主張は、ヘドロは富士の問題だと言いつらぬいて今日まできている。そうした背景を思い起すとき、わしは斎藤前知事の股肱だった永原さんが、左岸住民の説得にことのほか情熱をかたむける心情がわからぬでもなかった。しかし、肩書一つもたない地元の住民はこういうのである。

「御質問、どうぞ」という司会の軍一さんの声で三四軒屋の一人が最初に発言した。

住民「わたし、三四軒屋の鈴木と申します。副知事さん、まことに理の通ったお話を申されましたが、先般、清水の立会演説会で竹山知事さんは、ヘドロは富士市の問題で、地元で解決するのが当然だというようなことを（拍手）何回もおっしゃっております。しかしこれは県の指導で岳南排水路をつくり、この竹山県政になって終末処理が行きづまってまひ状態になったということで、まったく県の責任ではないかと、わたしは確信いたしております（拍手）。それにまたわたしは疑問を持つのですが、三〇万トンをなんでいま処理しなくてはならないのか、それで抜本的な解決になるのかと。一〇〇日たてばまた三〇万トンたまってしまう。八億二千万円は泥海へ捨てたような結果になるのでなかろうか。この七月には国のきめた水質基準が出てきます。その時点で企業者から出しているものを、われわれの目で見きわめた上で、港内で処理すべきじゃないかと思います（拍手）。われわれ九部落の住民にゃ、ヘドロにおいてはなんの関係もないのであります（拍手）。だから投棄をけっして認めるわけにはいかないのであります。重金属の問題にしても一二月の一二日に報道されたことによりますと、ほとんど害はないんだといっておりますが、それならば、わざわざ金を使ってこの河川敷まで持ってくることはないじゃないかとわたしは思います（拍手）。この三四軒屋部落には一五四世帯ありますけど、四〇世帯はまだ地下水を利用しているのが現状で、そういう観点から先ほど永原知事さんの発言には不審がありますのでぜったいこれに反対するものであります（拍手）。

また、地元の市長さんに申し上げます。市長さんは、まことにどこの会場において演説しても、われわれ一八万市民の一人ひとりが幸せになるような市をつくりたいということで、わたしゃこの耳でしばしば聞いております（拍手）。そういうことで、信用して今日までここ一年間眺めております」

元、三四軒屋の区長だった鈴木さんは、この地区に向けられた冷遇措置を指摘し、「そういうことでわれわれは、だまし、だまし、だまされて今日まできておるのだ」というのである。

「その上、このヘドロの問題について、市長さんあんたは、一言も話なしに県と諒承を受けた理由ということにおいて、一一月の一九日、あんたにね、県にヘドロの許可をあたえたという理由の説明をしてほしいと、わたしあんたに訴えたわけですけど、あんたは、今日は説明する段階じゃないといいましたね、なんでわれわれに一言もなしに、このヘドロを勝手に諒承したのでしょうか、それを伺いたい」。市長は立たなかった。

副知事さまは、いまや「世論の力によって政治は動かされた、法律の措置もできた、企業も姿勢を正した、そこでヘドロを処理する段階にきた、そして企業と県と市が金を出しあうことになったので、県が責任を回避しているわけでなく、知事の発言はお互いの姿勢を正させるためのもので、気にさわったらごかんべん願いたい」といった。

昨年四月の行政視察で、田子の浦を訪れた竹山知事が、「これは企業の責任だ、地元で解決すべき問題だ」と言い切ったのは、「わしは、公害遺産の相続人じゃない」という肚とともに、政治は企業の奴婢じゃないという独自の政治哲学によるものだったろう。老政治家の貴族意識は、なり上り者を軽蔑する。「なり上り者」が誰であるかを、この老政治家ははっきり意識していた。しかし副知事さまは「大手一五社は七三億円以上も金をかけて防止設備を計画した。操業短縮によって減産十数億におよんでいる。こういうように本当の誠意を見せている」というのだ。はたしてそうであるのか。昨年九月操短にふみ切ったはずなのに、九月以降の紙の生産量はふえている。操短すればするほど増産につながるこの町のからくりを知っている住民は、副知事さまの説明を納得しない。五貫島から毎朝バイクを飛ばして大昭和吉永工場の近くの会社へ通う青年は、「去年の一二月一六日静岡の裁判所が証拠保全でやってきたとき、吉永工場の廃液の流れる川は、あの日一日だけめっぽうきれいだったが、今行って見ろ、ブドウ酒に人間の血をまぜたような赤いやつが、ぼんすかぼんすか流れてらあ。あれを見てから副知事さん、ものをいってもらいてえや」といった。

三四軒屋元区長鈴木さんのあと、水防団長が立った。土語による御政道の糾弾はやむことを知らない。

住民「わたしは水防団長をやった関係で副知事さんに申し上げます。ただいま説明がございまして、あるていど理解はできましたけれど、第一番にあの堤防内にヘドロを捨てるのは非常に心配である。その理由は、大正一〇年と思いますが、当時の内務省は、ひらかた五《ご》貫島《かんじ》地区にかけて七、八〇町歩の大切な土地をつぶして、堤防を拡張したが、それは富士川は洪水時に予想できないような大水が出て、先祖から明治四三年にいたるまで何回も洪水にあい、家を流し田畑を流したからである。以後血のにじむような努力をして、われわれ先祖は土地を守ってきたのであります。そこへ、あのヘドロを捨てるということは、耐え難いところであります。先きほど市長もいいましたように、市長は環境をよくするという政治をかかげているようですけれど、これでは汚れるということでございます」。水防団長は捨て方についての不安を述べ、さらにこの一〇年来一日何千台と通る砂利トラの被害を訴えた。

副知事「土木部長からお答えいたします」

土木部長「私、土木部長の山田でございます。富士川は乱流し、御指摘のように流心部があちこち年々変動する川であります。われわれといたしましてもそういう河川敷に投棄するのではなく、ヘドロを一応富士川へ持っていきまして、そこで網をしきまして、その上にヘドロをおきまして、水を脱水するというだけの仕事でございまして、それをまた運び出す。洪水の出る時期におきましてはやらないつもりでございます。また、洪水の出る頃は夏季でございまして、硫化水素の発生も心配になりますので、なるべく早い機会にやりたいと考えております。それから堤防道路についての舗装でございますが、現在予算がつき今年から実施しております」

住民「わたしゃ三四軒屋の大石だが、去年の七月三〇日に、東大の杉木教授ですか、あの人がヘドロに取っくんで、さじを投げちゃったじゃありませんか。だからヘドロに害がないってこんはぜったいにない(拍手)。害がないならそのデータを出してください。これが一つ(拍手)。いまね、日本国中、北は九州、南は沖縄まで公害がないとこはありません(拍手)。

市長さん、これは、市長さんにたのみますよ。愛知県に尾西って市がありますよ。あそこにね、日光川って川がありますよ。そこはね、昭和三三年に魚が一匹もいなくなりました。当時、そのときの市長さんは、ええと小川四郎兵衛(?)って人で、現在無投票で無競争でいまなお市長になってます。あの人が公害に取っ組んで、県へ行き国へ行き、市を全員引きつれてね、市長さん、あんたもそうすりゃここの人間全部あんたのとこへついていますよ。一つやってください、見にいってください(拍手)。わたしゃ見にいってきましたよ。いのちをかけてますよ、わたしゃ、ここの住民は」

住民「わたしも反対、西宮島の井出。さきほどね。副知事さんと土木部長さんから、寒いうちに処置すると、硫化水素ガスが発散しないからなるべく早くというようなことをいっておったけど、話の様子では、もう河川敷へ半分捨てかかってるような話ですけど、まだまだ話はこれからだ。ええかね、富士川のね、下流のね、あの川幅が広いというのは、満潮と洪水と、それから高潮の三つが重なりあったときに、非常に大きな被害をこうむる。だから、あそこを広げてある。物をうっちゃったり、置いたりするとこじゃないから、ぼくは絶対反対だ(拍手)。

だけども、その裏づけとして、建設省はなんという気持をもっているかということだ。ぼくは建設省の事務所へ行ってみた。そして、河川課長に、物を置いたり捨てたりするのは、ええのかとたずねた(机を叩く)。課長は即答をさけて、こういった。『川というものは、きれいにしておくこと、川の流れをよくすることは一番大切で』とこういった。そしてだ。富士市長にたいして『ゴミを捨ててはいけないとことわりました』とこういってる。市長さん、あんたは知ってるはずでしょう(拍手)。あんたは一番えらいだから、知ってるじゃないかと、おたずねするわけだ。ゴミは悪いといってるだから、ヘドロはさらに悪いにきまってるじゃにゃあか。

そういや、この一九日に、根本建設大臣と田中幹事長さんが、竹山さんの応援演説にきたときに、県庁で記者会見した。それは七時のNHKのニュースでの発表だよ。根本大臣さんは、河川敷にヘドロを捨ててはいけないといってるじゃないか。そしてなお、去年の一一月一一日に、参議院の建設委員会のときに、松永さんという議員の質問にたいして、こういうことをいってるじゃありませんか。河川管理者の立場で、河川区域は清潔に保持しなければならない建て前になっているのだから、ヘドロを捨てるというのは好ましくないっていってる。好ましくないってことは、いけないことずら(拍手)。そして次にこういうことをいってる。処理方法として他に適当なところがなければ、一時的に使用するならやむを得ないと。それをですね、あんたちが頼めいったから（机を叩く)、そういうようにいっただ（拍手)。頼めいかなきゃ、そんなことといいっこない。こういうことだ（拍手)。

しかし、その条件には二つあるといっている。一つは、地元住民の協力がなければ駄目と、二次公害は発生させてはいけないと、この二つの条件が整わなきゃ駄目だ、とこういってるじゃないか（拍手)。その一つは、地元住民がこうして反対だからもう駄目にきまってるじゃないか(拍手)。駄目のとこにゃ、なんにも捨てなくていいということだから、これやもう、終りということだ。だけえども、今日は討論の場だから、最後にもう一ついわせてもらおう（拍手)。

一二月の三日ですか、公害国会といわれたあのときにですね、おそれって問題がいわれたことがありましたですね。そのときにだね、小林法務大臣は、公害罪ってのは、終末の処理である、公害というものは、発生させないようにすることが先決だと、こういってるでしょ。発生させないほうが先決だっていいや、捨てないことにきまってるじゃないか（拍手)。だから反対にきまってる（拍手)。

また、佐藤総理大臣がいってるじゃないか。美しい自然を子孫に残すことだといってるでしょ。富士川、これは自然ですね。あそこへいまヘドロをうっちゃんなければ、われわれは、美しい自然を子孫に残すことができるってことだ。以上だ」（拍手)。

住民「わたしは疑い深いから、まだ納得がいかない。副知事さんにおききする。そこで土木部長さんは、富士川の伏流水は北東から南西に流れてくる。また風は北から吹いて南へ流れて駿河湾に行くから、臭気はぜんぜん付近の住民に関係ないと発表していると、わたしゃ考えています。それはね、まだあんたの調査の足らないとこだ。その調査の足らないとこでね、これを投棄しようとした県のまあ知事さんですね、――政治屋ってやつははったり屋でね。これは当然のことで、しかしいくらはったり屋でも、住民が死ぬようなはったりはぜひやめてもらいたいね(拍手)。

副知事さん、それでこの問題をはじめに持ってきたのは県会の建設委員長をやってる羽切君と、富士市の市会議員のあの浜から出ている二人ですよ。その人らにね、知事の権力を利用して、羽切、お前はな、地元だから地元ぐらい説き伏せにゃようなことでどうするだと、――なるほど自民党の天下でありますから、自民党の知事のためにゃ自民党の議員として出ている羽切君も、いやですわしゃ、反対ですからって、肚じゃ反対だと思います。でも、いやいやながらもってきてね、――市会議員の選挙も間近かにある。新聞を見ると県会議員のほうはもう中盤戦にはいったというにかかわらず、地元であるだけに羽切君はひじょうにつらい立場に立たされた。

それをね、知事さんは、自分の責任を転嫁させているわけでもあるまいけんど、上手に逃げてね、ありとあらゆる人に責任をとらせるようなかたをとってます。ただ根本的に土木部長さんの調査したのにあやまりがあった。そのあやまりに立っての投棄、これは県としてもういっぺん考慮していただいて、あそこへ捨てるということはやめていただきたい(拍手)。

ぜったい第二次公害はないと明言していますが、公害がなにもないもんなら、富士川の尻まで船を使って行かなくても、毘沙門さんの裏の砂浜へうっちゃったって(拍手)、ええでしょ。羽切君なんかもずい分かわいそうな立場にあります。副知事さん、あんた帰ったら知事さんによくいってくださいよ。選挙民の一員がこのようなことをいっていたと」（拍手）。

司会「御答弁はいりませんか」

住民「土木部長さんに」

土木部長「はい、私の調査がいろいろ不十分のおしかりでございますが、地下水の方は企画調整部のほうでやっておりますし、季節風につきましても、陸から海へ吹く回数が多いんじゃないかということを申し上げました。実際ちがうかどうか知りませんが、時期的なずれもございますのでおわびいたします。

それでなぜ富士川の河原で処理するようにしたかと申し上げますと、この汚水の量は東京都の一日の汚水量と同じくらいでございまして、二〇〇万トンぐらいあるわけです。現在、大手の企業が〈汚水の処理を〉やるのに七〇何億というお金がかかるわけです。その半分の水を処理するのに中小が、今後岳南排水路の終末処理場をつくるわけですが、これに四、五万坪の面積と一一〇億の金がいるわけでございます。なるべくそういう施設をもって処理するよういろいろ考えたわけでございますが、非常に量が多いということと、非常にひまがいるということで――「なにいってんだ」――、なるべくかんたんにしたいと、こういうわけで富士川を考えたわけで、御諒承願いたいと思います」

住民「わたしは、五貫島に住んでいる者でサラリーマンやってますけんど、一番根本の問題は、ヘドロの中に薬品がはいってるとかなんとかじゃなくて、ヘドロ自体が姿、形があるですから、煮ても焼いてもくえないそんなものを置くだけで反対ですから、誰がなんせったって、駄目ですからね」（拍手）。

住民「三四軒屋の遠藤でございます、昭和四一年の九月には、私が三四軒屋の区長代理をしておりました。そのとき、海岸線が大いに浸蝕されているのが心配でたまらなくて、何回となく陳情にまいりましたところ、土木部長さんにしろ、建設省あたりも、取り越し苦労だ、ぜったい心配ない、あなた方は素人だからそういうことというだ、われわれはいやしくも技術者であるといった。今日現在わたしは科学的に無学の人間でございます。皆さんは専門家であるし、またその上に自分がわからなければ、あるいは何々博士とか日本の権威とか、いろいろな権威者をつかって調査研究したことと思います。

しかし、そのように調査したものがですよ、ぜったいお宅のほうの海岸は心配ないと、そういったにかかわらず、わずか四日から五日の間にあのような決潰をこうむったわけであります。わたしはあの近くに工場があります。風速五〇ないし六〇メートルの風といわれましたね、あのまっくら闇のなかで、工場を警備しておったところが、一度にどんと濁流が胸までおしよせてきましたよ。胸まで。そしてまっくら闇のところをね、わしゃ、あの流木をかきわけて、どうして上ったかわからないような、ふんとに死ぬか生きるか、どうしてきたかわからないですよ。

わずか三日か四日前に、あんた方は素人だから、取り越し苦労だから、心配ないと、われわれは専門家に調査研究させてある、ぜったい心配ないと、そういったものがわずか一週間足らずの間に、どんと来てですよ。副知事さん、そんなときあんたどういうふうに処置しますか。

そのような思い、科学的に調査してあるからお前ら心配すんなといったものが、わずか一週間以内にそうなったですよ。

このヘドロも、わたしゃ害があるかないか、自分が無学であるだけに、心配でたまんない。おたくのほうでは、いろんな人に調査研究させて、しかも発表すんたびに数字が変っている。どれを信用してええかわかんない。またあのような濁流をかぶされる、ヘドロを飲まされるというような思いはぜったいしたくない。県当局はどのようなあれをもってますか、御返答を願います」（拍手）。

司会者「お答えを願います」

住民「どんどんやれやあ、早く答弁しろ」

司会者「遠藤さん、答弁いるでしょ」

住民「ぜひ答弁、いのちにかかわることですから」

副知事「四一年の災害のときに、そういう目にあったというのはまことにお気の毒だと思いますけども、わたしも技術屋でございませんが——ヘドロの問題ですが、出水期には取りのぞいてしまうという建て前でやってるわけです。いまのような極端な例には該当しないと私は思っています。そういうようなことにならないように処理せよという指示も建設省から下りておりますので、いまお話があったような目にはさせないように、極力清掃することに努力いたします」

住民（主婦）「西宮島の大橋でございます。みなさん、みなさんわたしたちもいのちを守る権利があると思います（拍手）。さっき洪水の害がいわれましたけれど、それはわたしはわかりません。そして科学調査もｐｐｍもわかりません。ですけど、わたしは自分のいのちと子供のいのちと、家庭と部落のいのちを守らなければならないと思います。いま海にいる魚が背骨がまがっているとか、ヘドロでひれがとけるとかいいます。わたしたちの背骨がまがったって、手足がとれてきたって、どうなるんでしょう。そんなことはないといわれるかも知れないが、海にいる魚よりもあたしたちのいのちを守ってほしいと思います。海洋投棄がいけないっていうだったら、なおさら人間のいのちを大事にしてもらいたいと思います」（拍手）。

住民「市長さんは、どんなふうに考えているかわかりませんけど、ぼんくらなわれわれの頭じゃわかりませんけど、――わたしが考えるとね、どうも市長もね、ただ富士川へ捨てる、ああ捨ててもええだよ。あとをなくしりゃええだ。永久に捨てちゃこまるだよ。その点市長はいかが思う。わしゃそれが心配だ。一回で終りますか、市長いかが思う」

市長「私も昨年一二月以降竹山知事とずいぶん話をいたしておるわけです。富士市に起きている問題だから、富士市の問題として、それは考えることが必要です。先ほど副知事も話があったように港湾管理者は県ですから、県が責任をもってこの始末というものは……」

住民「市は関係ないのかい」

市長「あります。いま私の方と県の方でいろいろ協議いたしておりますのは、来年も再来年も、その次もそうだというかっこうでは、わたしは皆さんにお願いするわけにはいかないと思うんです。三〇万トンの話はよく出るわけですが、これはいまたまっているヘドロの、金の問題と技術の問題を考慮して、ぜひあそこで処理をさせてほしいということです。捨てっぱなしだということでは建設省もいうことをきかないし、皆さんだって、それじゃしようがにゃと、いえないと思う。一回捨てたから毎年、やあ来年も再来年も四、五年もつづけられたらこまる。これは皆さんと市長と同感です。いま県はそういうことをお話しているわけではない。ぜひ一つこの始末を、五月の出水期や夏になる時点までつづけるわけにいはかないので、いまただちにここで手をつけさせていただいて、そういう危険な状態になったときは、やめざるを得ないわけです。そういうことで、一つ始末をさせてほしいといろいろな話をしているわけでございますので、来年も再来年もというお話にはならないと思います。こういうことを、はっきり申し上げてさしつかえないと思います」

＊

ヘドロの海洋投棄問題は、そのことで直接影響をうける由比港の漁民と、富士市内の一部の者をのぞいては、誰も深くかかわろうとしなかった。海洋投棄から港内移動というふうに問題が移りかわるあいだ、左岸九町内の住民も、富士市民の多くがそうであったように、手をこまぬいて遠くから冷やかに眺めていた。

「ヘドロ追放駿河湾沿岸住民大会」が、目と鼻の先きで開かれても、よそ者がたくさん集まったというていどの関心を示したに過ぎなかった。

しかし、こんどはそうはいかない。まさかと思っていたことが、鼻先きへつきつけられたのである。どうしてヘドロがここへ持ちこまれるのか、とそのわけを思案しはじめたとき、九町内では、ながいあいだ富士市内で日蔭者扱いにされてきたというこれまでのいきさつを思い起した。富士川河川敷の砂利の乱掘、それによるダンプ公害、海岸浸蝕、屎尿処理場の持ちこみ、そしてこんどはヘドロである。どれ一つをとっても弱者へのおしつけと受けとられた。こうしたことが改めて思い出されてみると、二度の住民大会は憤懣をたぎらせたのであるが、机をたたき声高になっても、「お上」をおもんぱかる心情は微妙にゆれていた。

二月二六日、案外あっさりと、投棄を認める「覚書」が、県とのあいだでとりかわされたのである。「覚書」には「元富士地域（旧飛行場耕地）の農地転用申請については、申請者の意向を尊重して許可する」という一カ条が加えられた。ヘドロの投棄を認める条件に、農地転用問題が引きあいにされたのである。

「旧飛行場耕地」とは、一〇五万キロワットの富士火力建設予定地である。火力の建設は、いま広い住民運動で阻止されている。しかしいずれ再び火を吹く公害問題の焦点である。九町内の住民のなかには、この建設予定地の地主が多いのだ。農地の転用をひたすら望む農民と、火力の建設推進者である県とのあいだで、そのことについての合意点が見出されたとき、ヘドロ投棄反対の声は鎮まった。

投棄の準備作業は、手まわしよくその日のうちに着手された。富士川の河原には、八万平方メートルの沈澱池の造成と、八〇〇メートルのパイプ敷設作業が進む。田子の浦港には、第一「開洋丸」、第一「五洋丸」の二隻の運搬船が待機している。四月二一日第一回の運搬作業がはじまった。

わたしは、三四軒屋部落の海岸防潮堤で、港と河口のあいだ四・五キロの海上を、日に八往復するヘドロ運搬船を眺めた。部落の吉松老人もいっしょだった。

「戦争中、この沖でシラスを獲っていたとき、アメリの飛行機に狙われたもんだ。網を捨てて陸へ這い上がり、夢中で松林へ逃げこんだが、そのときぐらいこの浜が長げえと思ったことはなかった。それが、どうだいま、波が堤防の根っこを洗ってらあ」と老人は、消えた砂浜を思い出した。防潮堤は万里の長城を思わせる。「いくら高い堤防をこしらえても、自然にさからったら永持ちはすまい」と彼はいった。防潮堤の根固めのテトラポットも、赤い波で洗われていたるところでよろめいている。

砂利を乱掘し、水を奪いとられた富士川からは、漂砂はもはや流れてこない。その富士川が、いまヘドロの捨て場になったのである。「市長は、今年一回こっきりだといったけんど、このぶんじゃ来年もまたやらかすずら」と吉松老人はいった。そのとき彼は、市長は地元の代理人だから、やすやす県のお先棒をかついちゃこまるぜ、という不満をいいたかったようである。

ヘドロ処理費八億二千万円、企業負担七億円、県費といっても富士市民の税金をふくめた公費負担は一億二千万円。運搬したヘドロは一一万トン。港にはなお九〇万トンが堆積し、汚水のたれ流しにはいまも歯止めがかけられていない。

〈一九七一・三・二〇〉

駿河湾を囲みこんだ「万里の長城」

富士川河口左岸から、狩野川まで二二キロの海岸は、駿河湾が北へ向かっていちばん深く湾曲し、美しい汀線《ていせん》が引かれていたところである。

富士川と狩野川が運びつづけた漂砂は、ここに鈴川、千本、牛臥《うしぶせ》といわれる三つの砂丘を発達させた。砂丘の幅は広いところで千メートル、高さは二〇メートルもあった。人びとは、この砂丘を白砂青松の吹上げの浜と呼び、田子の浦を、霊峰富嶽と対にして紺青の海といって讃えてきた。

ここに住むかぎり、自然はきわめて寛容であり、暮しも人並みに保障されてきたというゆとりが、自分をとりまく自然のたたずまいを、そのように美しくいわせたのだろう。富士は、霊の宿る山としていつも北に精骨のごとく聳え、田子の浦は紺青の海として「春夏秋冬周年、環游《かんゆう》し来る鱗族」(『静岡県水産誌』)を迎えいれていた。砂丘の青松は、富士川河口から沼津千本浜にいたるまで、老松と穉《ち》松が密生し、途切れることを知らなかった。

しかし、いまわたしの前にあるものは、そのような風景を、とくに回想のなかで蘇えらす以外には、再現できないほどに変貌してしまっている。富士の霊性は崩れ、田子の浦は異臭を放つ赤い海に変った。そのあたりに、無残な立枯れの姿を見せる松の群落は、自然との格闘で刀折れ矢尽きた勇者のそれとしてではなく、「文明」の妖気で圧し殺された怨念の姿をさらしている。

二二キロにわたる砂丘の北のつけ根に、ひっそりよりそう旧東海道の往還には、昔風にいうならば二町三村二六の部落が、半農半漁のつつましいくらしを営んでいたのであるが、村民、町民とその名を呼ばれることをいつから恥じらいはじめたのか、六〇年代のはじめには、村は町へ、町は市へ併呑され、ついにこの往還筋で隣りあわせることになったのは、沼津御用邸を背後にして気位高く育った沼津「市民」と、山麓の地下水をあさりつくして、公害都市に肥満したわが富士「市民」とである。

わたしが住んでいる部落《むら》——部落といわれるよりも、いまでは町内といったほうがはるかに歓ばれる今井町の北側へ、大昭和製紙鈴川工場が、城塞のように迫ってきたのは昭和八年であった。地先の水田が、一つ一つ消えていく。孤塁のように残った坪田も、ある日突然、まわりから埋立てられ、あっというまに消されていった。工場が拡張されるときというのは、そこに難攻不落のいくつかの砦があったとしても、ゆっくり囲いこみ、一気に羽がいじめにして消していくものであることを、わたしはその頃小手をかざして見つめたものであった。おとなたちは、はじめこそ巨大な怪物の蟠居《ばんきょ》に、異議の申立てをする気力をもちあわせていたが、やがてその利害のくびきにつながれると、天守閣を拝むように仰ぎ見た。しかし、少年には、遊ぶところが奪われるという無念さがいつまでも疼いたものである。

工場が、クラフトパルプの製造をはじめたのは昭和一四年である。この製造が、人家の密集したところをあえて選んだのは、富士公害の発癌細胞第一号の計画的移植の意味があるだけに、わたしはそのときのことをとくに思い起すのである。

大昭和製紙の社史といってよい『斉藤知一郎伝』（北川桃雄著・大昭和製紙株式会社発行）は次のように記している。「知一郎（一代社長）が鈴川工場を建設した目的は、抄紙機の増設はもちろんのこと、パルプ、特にクラフトパルプの製造にあった」

その頃国内では樺太《カラフト》以外、まだ誰も手を着けていなかった。

「クラフトパルプ製造が着々進行している最中（注・昭和一四年三月）に、県の工場課から突然、不許可、運転中止の指令がきた。クラフトパルプ製造にともなって発散される臭気ははげしいから、東海道沿線に行幸啓がある場合などに不敬だというのである。あとで判ったが、これは某社の者が県に密告したのであった。そこで大昭和側から、スウェーデン特許の脱臭装置が施してあるから、その懸念は無用である。なおその他詳細にもっともらしい説明をつけて、やっと許可を受けることができた」

ということで操業が始った。

この会社が、もっともらしい説明を常套手段とするのは、いまも変らないように、役人がそれに弱いのも同じである。「懸念無用じゃ」とお役人は転んだが、住民はひたすら行幸啓を待ちわびながら、異臭にせめ立てられていまに到った。

昭和四六年一一月一一日、あれから何代目かの鈴川工場長南正樹氏は、このいかんともし難い事実だけは、さすがに消し難いと見たのか、三三年目にして「臭気防止対策計画」を、はじめて富士市へ出した。しかし「クラフトパルプ製造の際に発生する臭気ガスは、いずれも閾値《しきいち》が低く（わずかの濃度でも強い臭気を発する）、完全無臭化は非常に困難である」といわざるを得なかった。「懸念無用」どころではない。

地場産業から病的に肥満したこの企業が四六時中吐き出す濛気は、わたしたちの視界から、幾何学的な富士の稜線を混濁させている。ときどき苦渋の表情をかくし切れず山容をあらわすが、ここに立ってそれを凝視すると、人間の胸と首筋にあたる部分に、きわめて不自然な傷痕が刻みこまれているのを望むことができる。静岡県が、山梨県のスバルラインと競合し、気負い立ってつくった表富士観光道路である。東西二一・五キロメートルの周遊道路と、海抜一、四六〇メートルから二、四〇〇メートルの新五合目までに打ちこんだ一三キロメートルの登山ルートがそれである。

太平洋岸で数少ない原生林帯がここでも切り払われた。富士は古来信仰の山であり、白衣に身を浄め、六根清浄と唱名しながら歩いて登る山であった。「文明」は、もはやそのような手ぬるいことを軽蔑する。表富士の素面に打ちこまれた傷痕は、ここに住むわたしのこころと体にも深く刻みつけられている。

富士山麓の南斜面は、日本で有数な地下水脈と湧泉群地域である。富士山域の年間総降水量は、二〇億立方メートルといわれるだけに、ここではそれを利用することによって製紙が発達した。水は無尽蔵である、ただである、と思いこんだ者たちが、その独占と支配のためになりふりかまわず策略を弄した水の争奪と浪費は、ヘドロの報復となって、いまはね返っている。富士地区地下水の日間総流量は一二〇万トンといわれ、安全揚水量は九〇万トンとされてきた。しかし、一六〇万トンも過剰揚水することで、塩水化はとどまるところを知らない。いまでは汚水総量二五〇万トンが毎日田子の浦に吐き出されている。これが、傷だらけのわが里の姿である。

「砂丘夢幻」、「富士川今昔」、という思いが、切ないほどわたしの内で疼く。「夢幻」と「今昔」から誘い出される感慨は、しばしば回顧的、恣意的になり勝ちであるが、無傷だった頃のわが里の姿を、いま復元して見ようとすれば、それ以上確かな手がかりはすでに失われている。

小学校三年生だったわたしの受持は、放浪派の代用教員であったが、若いいのちを「相対死」というかたちで終らせたことによって、わたしのこころに焼きつけられた。彼は少年たちに、お前が住んでいるここは、いかなる風土の地であるかと思いをこめて証すため「日本三大急流は、富士川、球磨川、最上川」といっては、くり返し「あたまを雲の上に出し、四方の山を見おろして、かみなりさまを下にきく、ふじは日本一の山」を、古風なオルガンで弾くのだった。

代用教員という身分上の地位に、むしろ誇りをもっていたらしい彼は、文部省に背を向けて少年たちの学習の場を、しばしば砂丘に移し、自分は根上がり松の根方に寝そべりながら、受験勉強にいそしんでいた。

この広い砂丘に、旧海軍の艦上攻撃機が難なく不時着したのは、昭和七年のことである。

駿河湾上を高く低くためらい勝ちに飛行する機影を見た浜の少年たちは、何か異常なドラマが始まるらしいと直感し、ある者は砂丘に伏せ、ある者は老松によじのぼって、その行方を追いつづけた。機影はいったん伊豆の空に消えたかと思ったが、再び超低空で迫ってくると、爆音をとどろかせて砂を巻き、滑走し、余裕を見せて停止した。それは、遠い天空から飛来した怪鳥のようであった。少年たちは声を上げて走り寄った。プロペラは呼吸を整えるようにまだ静かに回っていた。機内から二人の男が姿を現わした。純白の夏服を着た海軍士官であった。二人は駆けよった少年たちに挙手の敬礼をした。少年たちも、きわめて不器用な姿態であったが、敬愛の思いをこめていっせいに答礼した。

ある夏の日に、砂丘で起きたこの夢幻の一瞬は、村人がかけつけてきたときには終っていた。それほど田子の浦の砂丘は、広くゆるやかで、少年たちに思いがけないドラマを用意する宇宙だったのである。

富士川は水量の多い急流であった。幕府の天領甲斐の年貢米を、清水湊から江戸へ回漕するため、すでに慶長年間角倉了以によって開かれていたが、昭和の初期にもここを上下する「富士川船」が見られたものである。甲斐の穀類と駿河の塩が運ばれただけでなく、プロペラ船の時代になると陸路の難を避けた旅人はこの舟途を利用した。そのときから何十年もたっていないのに、富士川は広い河原に一筋二筋の細流が蛇行しているに過ぎない。

日本軽金属のアルミナ電解工場が、この下流デルタの蒲原町に新設されたのは、昭和一四年である。工場の発電所は、富士川の中流萬沢で取水し、一万九千五百五メートルを隧道で引いて発電した。その発電放水量はいま日量三百万トンになっている。川の流れは中流で横取りされ、田子の浦の砂浜を培養してきた漂砂は、そのときから駿河湾へ流れ出なくなったのである。

その涸《か》れた河原の下流で、人影があわただしく動き出したのは戦後のことである。この地方で紙で成功した男が、河原で石を煮ているという話がひろがった。石炭が黒ダイヤといわれた頃である。ドラム缶でコールタールといっしょに石を煮て「無煙炭」といつわって売り出した、という話はいまも伝説的に語られているが、河原の石に金銭的な価値が付加されたのは、このような贋物づくりからはじまった。

しかしここが賽《さい》の河原となり、戦後群盗伝の舞台へと移るのは、京浜地域の土建ラッシュで砂利の引きあいが激しくなってからである。昭和三六年開港した田子の浦港が、砂利積出しの機能をはたすようになるとこのブームは熱気を帯びて高まった。元手のかからないうまい商売であった。採取許可のお墨付きは、役人と融和すれば向うから舞いこんでくるような時勢であったから、釜無川と笛吹川の合流点から河口まで、およそ六〇キロの河原には、静岡、山梨の業者が群がった。最盛期といわれた昭和四一年には、業者は七〇社を越え、その一年で乱掘された砂利は、五八五万立方メートルに達した。流れの絶えた富士川の肉質部は、昭和二〇年代からこのようにして食い荒らされてきたのである。そのつど海岸浸蝕は速度を早めた。

早くも昭和三四年九月の伊勢湾台風は、鈴川海岸に高潮を誘いこみ、昭和四一年の台風二六号は、やせ衰えた砂丘の一角を突き破って、一三人の命を奪った。砂利乱掘で河床が低下した新幹線の富士川鉄橋の橋脚も洗い出された。

昔からいくたびか襲ったはずの高潮は、長いゆるやかな砂丘と、密生した松林が柔軟に受けとめてきたのであるが、大気汚染と宅地造成で松は枯れ、漂砂の補給を断たれた砂丘には、もはやそのような気力はつきはてていた。

この砂丘破壊の犯罪行為を、駿河湾の凶暴性にすりかえてきた「文明人」たちは、中国古代国家の帝王の故知に倣《なら》い、ここに「万里の長城」を築くことで駿河湾を囲いこもうとしたのであった。伊勢湾台風のあと「富士海岸災害復旧助成事業」は、富士―沼津海岸の一七・五キロメートルに高さ一三メートルの防潮堤を築いた。しかし、とどまるところを知らない海岸浸蝕は、この長城の根方をくいちぎりつつあった。こんどは「海岸保全施設整備事業」が四二年度から五カ年計画ではじまった。ちょうど始皇帝が、燕や趙が局地的に構築した長城をつなぎあわせて「万里の長城」として完成したように、部分的だった一三メートルの旧堤をうしろから抱きこむように、高さ一七メートルの防潮堤を二二キロの海岸線で構築しはじめたのである。

おそらく「駿河湾の万里の長城」はこれからも海岸浸蝕と競合するかたちで、より高くより厚く肥満化されていくであろうが、実の侵略者は、塞外の波濤ではなく、内陸部の腐蝕と破壊のトータルであることが見失われている。

駿河湾を囲いこもうとして、逆に自分自身を城塞の内側にとじこめてしまった「公害人間」は、囲いの内こそ極楽浄土だというゆるがない信仰を抱くにいたった。城内に漂う悪臭を甘いという。城壁に波打つ赤い海を青という。クラフトパルプ工場の連続蒸解釜が、濛気の夜空に二三個の常夜灯をつけて立つその奇怪な姿を「あれは、父ちゃんの会社、大昭和タワー」と賛嘆する。

公害は、自然を破壊するにとどまらない。人間のこころまで腐蝕し荒廃させ、価値観を顛倒させてしまう磁場である。平常ならすがすがしいはずの人間たちが、ひとたびその磁場に投げこまれると、一転して転び伴天連に変身し、人を殺す刃をふりかざす阿修羅にもなる。

いま湾奥二二キロの海岸線に、醜怪な姿態をさらして横たわる「万里の長城」は、日本公害の集約された意味を、記念碑風に語りかけている。

〈一九七二・五・二六〉

Ⅲ——土民士語

このしたたかな笑い

大昭和製紙の四つの工場は、富士市を三方から取囲むように配置され、その一つが中心部を扼して居すわっている。市内百数十の関連中小工場は、この大昭和環状帯にくさびを打込むかたちで町を埋めつくし、そのほとんどが三交代制二四時間の操業をつづけている。わたしたちが、しみじみと空を見上げ、その碧さとしじまのひろがりに思わず声をのむのは、毎年、大晦日の晩と正月の三日間である。音がとまる。空気が甘い。しかし、四日目の朝になると工場群は一斉に始動する。今年（七〇年）も、大昭和製紙鈴川工場は再び居直ったかたちで芒硝の雨を降らし始めた。西北の季節風をまともに受けるわたしの部落は、一〇日過ぎ、二〇日も過ぎた今、屋根も木も道も、庭先をうろちょろする猫の背中まで、白濁の粉末にまみれ、メチルメルカプタンの悪臭が、横ばうように沈澱してくる。これは異常というべきであろうか、それとも日常というべきだろうか。

三里塚の原野に立った時、わたしは今年になって二度目の日常性を取戻すことができた。異臭のない空気が充満している。黒々とした木立の向うへゆっくり沈んでゆく落日の影も濃かった。ここには日常がある、とわたしはそのときためらわず思いこんでしまったのだ。わたしが、自分の町において根こそぎ奪い取られていたものが、ここには何一つそこなわれることなく息づいていたからである。自然の静かなリズムがすっぽり人びとを包んでいる。そんなふうに羨望の思いさえ抱いて、わたしは三里塚の原野に立った。

しかし、それはわたしがわたしにとってすでに奪われてしまったものを、そこに見たというだけのことであって、ここ三里塚にも巨大な権力による日常性の剝奪行為が、きわめて確実に進行していたのである。基地といい公害といい、いずれも市民から日常性を奪いつくす。日常性というものが、わたしたちにとってどんなに平凡で小さなものであったとしても、その秩序の中でしか生きられないとしたならば、わたしたちはそれを奪い返すために骨身を削らなくてはならない。たたかいはそのときから始る。たたかいは際立って非日常的な人間の行為である。しかしそれを肉体的に日常化させなくては日常性を奪い返せないという意味では、三里塚もわたしの町も同じである。

一月一五日、「三里塚空港粉砕現地共闘集会」が成田市の三里塚第二公園で開かれた。主催者側発表六、七〇〇人の学生、労働者、農民たちの、旗とヘルメットで会場は埋めつくされた。土地収用法が動き出し、強制測量がまさに実施されようとする危機感のなかで、たたかいの戦列を整え、たたかいへの意思を互いに確かめあう集まりであった。三千人の機動隊は前夜から要所に配置され、きびしい検問がつづけられていた。

農民は中核派の学生集団に囲まれるようにして、演壇正面にすわりこんでいた。演壇に立つ学生代表のあいさつは、同じような身振りと口調で、どれも大状況から語り出すというふうに大儀なものであった。しかし、農民たちは、じっとこれに耳を傾け、盛んな拍手を送ることを惜しまなかった。婦人行動隊の最前列で中腰で片膝をつき、体を乗出して高い拍手を送っていた一人の婦人が、反対同盟副委員長石橋政次さんの状況報告の途中でつと立ち上がり、こわばった顔つきで演壇の後ろへつかつか歩き出した時、会場の空気がざわめいた。

ＭＬの旗を持って演壇上に立っていた学生を指さすと、なにやら大きな声でわめき立てたようであった。学生は何かを食べていた。婦人は左手を腰に当て、右手を突上げて激しく言いかけた。ようやく何を言われたのか気づいた学生は、口を動かすのをやめ「旗持ち」らしい姿勢をとりもどした。婦人がもとの場所へ戻ってくると、婦人行動隊のなかから歓声が上がった。

「旗持ちというのはな、代表だっぺ。それが高いところでものを食い食いわしらを見下すなんて、わしらが開いたこの大会を侮辱してるんだ。腹がへってるのはわかってる。それなら交代してめしを食うとか、見えないとこで食べればいい。石橋さんが一生懸命状況報告しているのに、ものをくらいくらい、がちゃがちゃ騒ぐってのは、この闘争に力が入ってないんだ」。彼女はそんなふうにまわりのなかまに言った。

セクトの違う学生の間で時にヤジが飛ばされた。するとおっかあたちは、「ヤジるな」と一斉に声を上げた。学生の演説が長くなると、「わかった、わかった、かんたんに」と呼びかける。学生の演説は早口である。「ゆっくりッ」、そんなふうに半畳を入れる。

私服がべったり張りつき、機動隊が遠巻きしている張りつめた空気は、おっかあたちの絶えまない笑いでほぐされていた。

いま三里塚にとって事態は決して楽観をゆるさない。来年春にはＳＳＴ一番機を飛ばすという方針のもとに、空港公団による農地の収奪、反対同盟の切崩しは、きわめて組織的に強まっている。政府の方針だし国策だから、どんなに反対したって、出来るものは出来るさ、という世論操作はかなり浸透している。ちょうどわたしの町で東京電力の富士川火力発電所が、富士市の電力不足を理由に、もし火力ができなければ工場はとまってメシの食いあげになり、テレビも洗濯機も使えなくなる、という世論操作が、公害反対の住民運動のブレーキとなったように、三里塚の農民を取巻く空気はきびしい。

しかし農民たちは、ことに婦人行動隊といわれるおっかあたちは、これまで何十回となく機動隊とわたりあい、空港の建設を最後まで阻止しようと、たたかいを生活化してびくともしない。そのなかで、彼女たちの日々は明るい。したたかな笑い声があちこちの団結小屋から、畑から、いろり端から響くのだ。一五日の集会が、彼女らの哄笑で埋まったのは、集会行事に場なれしたためだけでなく、すでに彼女たちがこのたたかいを生活化し、そこに自分を、いや他人をも十分説得しうる正当性をつかんでいるからにちがいない。

わたしは、MLの学生をたしなめた柳川のおっかあの家を一六日にたずねた。高い生け垣に囲まれ、庭木の太さはこの土地に根をおろした典型的な農家のたたずまいである。こたつで、授農の女子学生二人と落花生をむいていたおっかあは、「新聞の人なら会わん」といきなり言った。「わしらが骨身を削ってたたかっているのに新聞はけっしてほんとのことを書かない。一五日の集会に、農民が少なかったのは同盟にガタがきたためとか、学生との共闘に不満があるとか……。そうじゃねえんだ。シンからたたかわなくちゃならねえからたたかっているのに、そんな気持なんか書いてくれない。ええこと書けというんじゃねえ、ほんとのことをひんまげるから、わしら信用せんのだ」

これはわたしにも思いあたることだった。わたしの地区で、火力の建設に反対しているのは、富士市民だけではない。大気と海の汚染に関係する二市四町の住民である。去年（六九年）の三月二九日午前零時四五分という時刻に、富士市議会は機動隊四〇〇人を配置して、火力発電所誘致の強行採決をしようとした。そのとき、二市四町の住民二、五〇〇人は、小半時たらずで議場へかけつけ、機動隊と激突してまで採決を阻止した。このときの事件について、中央紙の一つは、「外人部隊」という表現で富士市以外からかけつけた反対派住民をおとしめたのである。

こたつへわたしを上げたおっかあは、二人の女子学生にも聞かせるように土地を守る百姓の思いを語ってくれた。

「ことし八八になるうちのじいちゃんは、農家の次男坊で二五までは御料牧場につとめていた。しかし、いつまでも人に使われていたんじゃ浮ばれん、借金しても自分の城を築こうてんで、二町五反を手に入れたんだっぺ。

わたしら、子供のころから百姓と名がついて、土をほっかじって食糧を生産し、それで自分も食うし、人さまのお役にも立ってきた。こんな立派な職業ねぇと家中でそう思って幸せに生きてきた。わたしの実家の兄貴なんか保守系の悪《わる》でね、土地がいくらいくらに売れたってことよりほかに何の話もねえ。そのカネで台湾旅行だ、こんどは万博だとそんなつまらねえことで、いま現在の自分だけが調子よければいいっていうつまらねえ男だ。わたしらは、そんなこともちっともうらやましいとは思わないし、こうして、百姓やってることが楽しいのだ。土地はゼニと取引できるものじゃねえよ」

三里塚農民のたたかいを支える情念は、こうした土への愛着である。それを守ることは、自分と自分の血につながる者たちへの使命として彼女たちには理解されている。

「わたしら、この空港問題が始るときまでは、政府がきめたことだ、国策だといわれれば、食糧増産の供出もケチをつけずにやってきた。そうするもんだといわれてきた。だけど、こんどはちがう。根こそぎわしらを持っていこうとする。政府もくそもあったもんじゃねえ、自分だよ。百姓にも生きるって権利あんだから、政府に畑ふんだくられて、乞食坊主にされてもだれがめんどう見てくれますか」。彼女は、早晩予想される機動隊との激突にそなえて、息子ととうちゃんのために鉄の胸あてをつくった。「わたしゃ、つくんない。この二〇貫のからだでね、プロレスみたいにぶつけてやるから」と、その巨軀をゆさぶるのだった。

柳川のおっかあの部落は三五戸である。しかし、二五戸は賛成派に回って、彼女の心のうちにも寂寥と無念さは渦巻いている。彼女は、はっきりと賛成派を憎む。しかし彼女は、敵に回った隣人を憎むことよりも、足かけ五年、一貫してたたかいつづけた自分と、そのたたかいのなかで、なかまの一人ひとりがめざましく変ってきたことを誇りにしている。それを話すとき、彼女はいかにもたのしそうだ。

「辺田の遊産講では、おっかあらが集まると、今までは旅行の話とおやじさんの悪口と着物と子どものことに限られていたが、闘争がはじまってからは、空港の討論会に変りましたよ。おやじさんらと月一回、部落集会をやる。そのときばんばん意見をかわす。これまで部落の話といえばおやじさんらがやることだった。それを横から口を出したら、しゃしゃりでるといっておこられたもんだ。闘争になってからは、今日来た嫁でも堂々とものが言える。そういう習慣になった。こんな楽しいことはねえ。いつになったら世の中へ出られるもんだかわかんなかった女どもが、なんでも男なみにやれるようになったのだから、これがよ、革命っちゅうもんじゃねえかと思ってるよ」

三里塚空港闘争は女の生き方を根っこから変えつつある。彼女たちをたくましい人間に成長させた。

しかしそうした自己変革は、深い苦悩と悲しみを経ずに手にすることはできなかった。彼女たちは賛成もしくは条件派に回った隣人、肉親との深い断絶を味わわなければならなかった。しかし、だからといって、道で会えば言葉の一つもかけたくなる。遠くへ去った妹の身を案ずる。どんなに強い語気で、身を翻した者を悪しざまに言おうと、その心情はもやのように立ちこめてくる。しかし、いまそれに溺れていたらどうなるというのだ。いまはたたかいである。賛成派、条件派とのたたかいではなく、なかまや肉親を引裂いた権力とのたたかいである。わたしは柳川のおっかあに、人間のかなしみをおさえて、きびしいたたかいに臨もうとする女の覚悟のようなものを見た。

南三里塚にある小川プロの紳介小屋は、駒井野や天浪に構築された団結小屋と同じように、三里塚農民闘争の一つの拠点といってよいだろう。紳介小屋がバリケードで囲われているわけではない。常時撮影スタッフの一二、三人が主《あるじ》の小川紳介さんを囲んでがんばっている。ブラック・パンサーの闘士やフランスの記録映画の作家が来たり、わたしのようなよそ者が突然飛込んで行くと、闘争の話はもちろん、芸術論、人間論にまで発展して、夜中の二時、三時まで互いにしゃべりまくるのがそこの生活のようだ。

仕事を終えた同盟の青年たちは夜、オートバイを飛ばしてやって来て、胸につかえた恋人のことや、腹いっぱいたまったたたかいのことをぶちまける。農民のなかへ入って三年、すっかり土くさくなった紳介さんの体臭に、青年たちは同類の嗅覚をもって集まるのだ。彼はオートバイの音を聞いただけで、あれはだれだと識別する。どこのおっかあ、どこのおやじと、心に焼きつけられた農民を、ぱっぱっと思い出すことも早い。

「婦人行動隊のおっかあはよく笑う。機動隊と対決している時だって、げらんげらん笑う。町の喫茶店で、コーヒー飲みながらインテリがウフフと笑うあれとはちがうな。あれ、いつだったかな、〃三里塚の夏〃を撮りまくっていた時だから、六八年の六月かも知れない。機動隊が警棒を振上げて、突っこめの姿勢をとったとき、こっちにいたおっかあの一人が、モンペのひもをほどいて前を出し、ここへ突っこめと股をひらいた。オニの機動隊も、意表をつかれたこの股ゲバにはたじろいだ。そのとき、笑いが、どっとおっかあたちの間からわき上がった。しゃれた言い方をすれば、神々の哄笑っていうかな、それにしても、あれはハラのすわった笑いだった」

婦人行動隊の強さがなんであるか、そのことをいつも現場で立会い、検証し、そこから人間というものについて問いつめているらしい紳介さんは、青年たちともよくそれを語るのだ。とくに、危機感が迫ってきたいま、それは語られなくてはならない。映画作家としての彼の志向だけでなく、青年たちにとって一番必要なことでもある。

その晩、青行隊の副隊長をやっている島君もそこにいた。

「若い連中が強いということとは全然ちがう意味でおっかあたちは強い。おれたちの弱さがそれによって見せつけられてしまう。強がりを言っている若いやつなんか、ああいう人たちの前へ行くと、全然歯が立たねえなあ、という感じがいつもしてね。とくに柳《やな》のおっかあなんかそうです。こないだ会ったとき、おら、ともかくいまの時期に落着かなくてしようがねえ、というんです。どうして、いまになって落着かねえんだといったら、おれがどんなことになっても、家のなかのことがわかるように、生活がきちんと出来るように片づけている。息子のこととか、おじいさんのこととか、家財道具のこととか、どこに何がしまってあるとか……。だから落着かないといってるわけです。

おれ、そのときガクッときた。おれらは何してるかというと、頭の中でさあバリケードは出来た、あとは若い者と婦人行動隊と老人の決死隊をつくって、敵と対決すればいいというようなところで落着いているつもりなんです。

この前、部落集会に木の根の大竹ハナさんが来ていた。そのとき開拓当時からの苦労話してくれたんだが、開拓がはじまって一〇年ぐらいのものすごいきびしい時代にくらべれば、あるいは戦争時代に自分が生きてきたことにくらべれば、空港闘争なんかまだまだだというハラが一発ある。柳のおっかあもよくいいますが、戦争をくぐりぬけてきたこと思えば、今の方が楽だと見るから、やれるわけです。

おれたちは、いま自分が当面していることが一番むずかしくて、耐え切れないということしか考えない。おっかあたちには、あの戦争を乗越えたんだから、今度も乗切れるって確信がある。おら、ああしたおっかあたちと一緒にたたかっていることにほこりを感じるのです。おれたちは、いろんなことでダメになりかかる。学生のこととか、方針がどうじゃこうじゃとか。それから畑の問題、自分の仕事のこととかで。そういう時に、かあちゃんたちのたたかっている姿が、ふうっと思い出されてたたかれるような思いになる。

どこが違うのかなあ。ただ単におれたちより長くめしをくってきたというだけじゃない。理由なんか全然わからない。山のようにずっしりした重い存在です。この闘争でおれたちも強くなったが、おっかさんのそれとはなんだか違うような気がするんだ」

島青年の述懐は、わたしの胸にひびくものがあった。彼はけっして自分や仲間たちを矮小化し、絶望しているのではなかった。いつも目の前に巨大な山塊のようにそびえ、いつでも噴出するエネルギーとしての婦人行動隊、つまり土くさいおっかあの群像は、誇り高いシンボルとしてとらえられているのである。

いま、三里塚の原野でいっときも断絶することなく進行している事態はすさまじいことだ。機動隊とぶつかることがすさまじいのではない。国家権力と常時対決しながら、一人ひとりが自分を確かめようとしている。援農の女子学生とこたつに足をつっこんで落花生の皮むきをしている柳のおっかあも、しょうがのもやしを束ねている小川のおっかあも、そしていま紳介小屋でわたしらに何かを語らないではおられない島青年も、非日常的なたたかいを日常化しながら、自分との対話を掘下げて自らを問うているのだ。

権力が、あらゆる術策と力を動員して、この原野の木の根っこを掘起す時は遠くはあるまい。しかし、三里塚農民の心を掘起すことはついにできないだろう。農民たちは、いつか、あどけない少年行動隊をこわきにかかえこんで、権力の厚い壁に突入するだろうが、そのとき彼らのあいだからわき上がる喚声は、全員玉砕の雄叫びではなく、誇り高き人間の、したたかな哄笑であろう。

〈一九七〇・二・一〉

忍草の女たち

「海辺の生民は今日漁業と採塩とによつて衣食すると同じやうに、山間居住の小民にもまた樹木鳥獣の利をもつて渡世を営ませたい。いづこの海辺にも漁業と採塩とに御停止と申すことはない。尤も、海辺に殺生禁断の場所があるやうに、山中にも留山《とめやま》といふものは立て置かれてある。しかし、それ以後の明山《あきやま》にも、この山中には御停止木と称へて、伐採を禁じられて来た無数の樹木のあるのは、恐れながら庶民を子とする御政道にもあるまじき儀と察したてまつる」

――『夜明け前』・第二部――

明治四年郡県の世を迎えたとき、木曽谷三八万町歩の山林は、ことごとく官有林へ編入されることになった。それまでも巣山・留山・明山などの禁制があって入山伐木はけっして自由であったわけではないが、五木《ごぼく》以外の雑木の伐採、下草類の採取、切畑焼畑等の開墾が比較的ゆるやかに許されていたのである。それが官有林に編入され入山が禁制となるならば、山林にすがって生きる小民の明日はおぼつかない。

明治四年の一二月、三三カ村の総代たちがせめて明山の分だけは人民に下げ渡されたいと、請願に動き出した木曽「山林事件」のいきさつは、藤村が『夜明け前』の終篇で詳しく書いているところである。

はじめこの請願は、「官有林を立て置かれることに異存はない。それらの官有林にはきびしく御取締りの制度を立てて、申し渡されるならきっと相守る。そのかわり明山は人民に任せてくれ」という官民協力をたてまえとする歎願であったが、明治一五年頃になると、自由民権の思想にも影響され、古来人民が自由にしてきた場所は民有に引き直すべきだというふうに、「山間居住の小民」のあいだにも「民有の権」を主張する目覚めが高まった。

私がこの「山林事件」を思い出したのは、北富士忍草《しぼくさ》の原野に立ち、「山間居住の小民」たちが入会権を主張してすでに二〇年以上もたたかっている姿を見たときだ。

忍草は私が住んでいる田子の浦とちょうど対角線上にある。けっして遠いところではない。そこでひとにぎりの農民たちが、部落《むら》を挙げて執拗にたたかいつづけていることはすでに承知していた。しかし、それを無縁な事態として眺めておれなくなったのは、私が富士の公害に深いかかわりをもつようになってからである。

私の町は、富士山麓の湧水と富士川、潤井川などの表流水がこの地に製紙産業の繁栄をもたらしたが、それは同時に水汚染となって農民と漁民をおびやかしてきた。水を原点とする富士公害はすでに三〇年以上も慢性化され、これにまつわるはげしい紛争は昭和九年にさかのぼる。そしてここ四、五年の「繁栄時代」に、町の自然はグロテスクに変貌し、平凡な日常は、異常なものに置きかえられた。これに驚きあわてて異議申立ての住民運動がはじまったのである。

住民運動はまことにどろくさい。そのどろくささこそさまざまな可能性を予測させるにちがいない。人々は当然権力と対峙する場面へ引き出されることによって、転びや偽装やはぐらかしを演じ、気づかなかった才能に出会ったりする。

公害を正当化す権力の風圧は強い。そのとき人々は二者択一をせまられながら、怒りと絶望と怖れを抱いて一寸刻みに歩いているのが住民運動である。それだけに大きな起伏と干満がある。その谷間へ沈みこんだり、這いあがったりしながら人のこころは複雑にゆれ動く。この四年間私の身辺ではそうしたことが渦巻いた。

そんなとき私は三里塚や忍草のたたかいを高い雲の峰を仰ぐように眺めてきたものである。そこにはまだ私たちには掘り起せないものが、はっきり姿をあらわして自立しているように思えてならなかった。

公害で犯されているものと、国家権力で奪われようとしているものとは、けっして別個のものではないはずなのに、三里塚と忍草のねばっこさが私たちの場合にはうすいのだ。

戸数三百に満たない忍草は、「山間居住の小民」のむらといってよいだろう。そしてここの小民が、梨ケ原に立ち入り草を刈っては堆肥《たいひ》とし、木を伐っては用材薪炭の資となし、山菜薬草の類まで採取してなりわいを立てたのは、樹木鳥獣の利をもって渡世を営んできた木曽の農民と同じだろう。東富士、西富士、北富士の別なく、この山麓草原の農民には「富士の草」にすがって生きてきた古い歴史がある。金肥が普及したいまでも、酸性の強い火山灰でもの実を育てるには、堆肥で土を変える以外にないことを知っている。どこにも自由に採草できる共有地が見られるのはそのためだろう。部落共有の財産として、むらのおきてに従うことで農民はそれを利用できた。

こうした共同の財にすがるという生産の仕組は、彼らの団結や統制をきびしいものにさせ、外からそれを犯す者にたいしてむら一心に結束して抗争する。入会は「山間居住の小民」にとって死活にかかわる権利だった。

私は忍草で「梨ケ原の入会権は神武以来のものだ」とそこの女たちがいうのを聞いたが、その言葉には梨ケ原を守ってきたのは忍草だという強烈な主張と、富士の草の中に身を沈め、これを育てた土着の人間たちの、そこにからだをすり寄せる愛情の深さを感じたものである。古い農家の造りを見れば「何代前のじいさんずらか、あそこから伐り出して建てた家だよ」と、巨材が組みあった重厚なたたずまいの前で、梨ケ原を指す女たちである。

明治まで自由立入り採草伐木の許された梨ケ原が官民有区分で「持主定め難き地所」として官地に入れられたのは明治一四年である。全山官没、入山差止めは死活の問題である。乱伐放火をもって抵抗した。明治二二年皇室御料地への編入、明治四四年恩賜県有財産への移管など入会地にたいする権力規制はきびしくなった。そのつど合法非合法の抵抗が蜂起した。忍草入会闘争はながいのである。

昭和一一年梨ケ原一帯は演習場として旧陸軍に買い上げられた。農村は兵隊の供給源だったという政策的な考慮が払われたにしても演習場への自由立入りが保証され、昭和一五年には一部を耕作することが許された。

明治、大正、昭和の三代にわたる「御政道」は、入会地にかずかずの規制をしてきたとはいっても、忍草の民がそこに入会ってくらす権利を根こそぎ剝奪することはなかったのである。

木曽谷の人民が封建のきびしい時代において、明山では五木《ごぼく》に手を着けないかぎり自由入山、伐木、採取、開墾が許されていたていどの保証はここにもあったといえる。それが忍草の日常でありくらしの基であった。貧しいとはいいながらこの山麓に土着してきた民は、「御政道」の余沢に浴してきたのである。

しかし、こうしたくらしぶりを根っこから掘り返し、小民の日常をゆさぶる「御政道」が情容赦なくはいってきた。

昭和二一年一一月米軍による占領、二三年米第一騎兵師団の演習のために耕作の全面禁止、二五年朝鮮戦争勃発、調達庁命令による正式接収。二七年講和発効、行政協定により引きつづき米軍使用。二九年自衛隊による演習開始。

忍草の女たちは「主権在民、平和と独立の御政道にもあるまじき儀」として富士に向かって鎌を研《と》いだ。身を起して家から出た。公害もまた御政道の狂気であるにかかわらず、富士にはまだ鎌を研ぐ人の姿は見られない。

忍草の女たちのたたかいぶりは、宝石の結晶体のように密度が高い。なぜであろうか。私は富士をめぐる同じ人間の生き方について思わざるをえない。

母の会の会長渡辺喜美江さんはお孫さんもいるいいお年だが、私はこの人の映像をテレビや写真で見て知っていた。菅笠と絣のモンペ姿で、いつも坐りこみデモの先頭に立ち、はげしく行動しているのを見ると、とてもこのような人とは思えない。炉燵へはいって差し向かいで話していると、この人はいいおばあちゃんで山麓育ちの根っからの農民だと思う。

それに私が駿河のズラ言葉を使っても北富士のここではすらすら通る。言葉が通じるのはいいことだ。

同じズラ言葉でも大昭和の社長斉藤了英君では通じない。たんなる符牒になった言葉は、異邦人でも理解するがこころは通じない。私の町の死にたえた一筋の川を指して私が、「この川は君が殺したのだ」といっても、彼は、「これはわが社の専用排水路だ」と理解する。私のズラ言葉は渡辺さんとは通じる。言葉は符牒としてやりとりしているからではなく、からだが応じあうからだ。

渡辺さんは「わたしら、富士山麓の土民ですよ」となんどもいう。「民度も低いし、知恵もない。

ただ、あの山にすがって生きるのがうれしいだけの百姓でしてね」というのだ。土百姓だ土民だといっても卑下もなければてらいもない。ふだんそう思いこんでいる気持をさらっといってのけたまでのことである。

「わたしの母が、お嫁に来た頃はお米が尊い世の中で、朝はいろりに火を焚いてだんごを焼いてたべる。ひるには米のごはんだが、お姑さんが鍋元でよそってくれる。それは嫁を大事にするからじゃなくて、旦那と長男と嫁の食べものを区別したからで、ただ汁もんだけは何杯代えてもたくさんたべられた、とそんなふうにいってましたが、わたしが来た頃でも家によっちゃあ、そうだったねえ」

きびしいたたかいにいつも身をさらしている渡辺さんが、そんなふうに言うのを聞くと、私は山麓に土着してきた人間のこころのひだを見るような思いがした。

「女が卑しめられたむらでした。嫁に来ても九月の祭に嫁帷子《かたびら》といって単衣の着物一枚買ってもらうだけで、腰巻も手拭も実家から持ってきてはあるようなかっこうをする。そんなでしたねえ。鹿児島の女ほどではないけれど、嫁は残りものを食べる。祭があっても前の日の残りものをね、みかんなんかは、病人か死にそうじゃなくちゃたべられない。ええそりゃうそじゃない」

まだ学校へ行かない孫娘が、そういって話す渡辺さんの肩や膝元でじゃれつく。

私は「忍草の民話」に心を寄せる。事務局長の天野美恵さんは「わたしゃ大正の生れ、会長さんたちがたたかいはじめたときは年頃の娘だった」というほどに若くて精力的である。「馬鹿にゃ馬鹿の部落でよ。梨ケ原の桑畑へ行くにしたって亭主はいばって鍬一本かつぐだけ。こっちは男の倍も仕事をしながら、弁当をつくり、水を持ち、馬の鼻づらひっぱっていったもんだ。旦那らも馬鹿なくせに亭主関白、いまそんなことしてたらでんぐり返されちゃあ」

なにも忍草の女だけがこうだったわけではあるまい。ウーマン・リブとかパワーなどと女上位が湧き立っているけれど、しかし政治や社会や男のこころのなかで、女はどのように処遇されているだろうか。「忍草民話」の女たちは、都会のなかにいまも生きている。しかし、馬鹿なくせに亭主関白の男たちが、いまそんなことしてたらでんぐり返されちゃうほどに、忍草ではすべてが変ったのだ。「もし、入会闘争がなかったら、忍草はまだまだ下に下にということずら。お上はえらいもんだ、男はいいもんだといまでも思いこんでいたずらな。だけどこの基地闘争がはじまって、はじめて権力というもんがなんであるかわかったし、いちばんえらいのは人民であることも覚えたよね」

と天野さんはいうのである。

私の町のヘドロを知らぬ者はない。忍草の女たちと私はわが町の恥部についても語った。もともとあれは公害などというものではない。大昭和などがたれ流したパルプのカスが港を埋め、チップを輸入する大手がにっちもさっちもいかなくなっただけのことである。それを「公害」にすりかえて県費一億二千万円をつぎこみ富士川の河川敷へ捨てようというのが正体だ。はじめから駿河湾の汚染については眼が向けられていなかった。夏には黒潮へ捨てようとして漁民が阻止した。秋には港内移動をもくろんで地元が反対した。三転して、いま富士川の河原へ投げ棄てようとしている。このとき富士川左岸九町内の住民も反対した。しかしこの反対は三カ月足らずで風化した。権力の風圧が強かっただけではない。住民に土下座する思想があったからである。

「県の副知事さま、市の市長さま」との「話しあいの場」を、「わずか三〇分足らずで野次と罵声をもって騒然となし」、「県市の方々に恥をかかすような話は聞いたこともない」とこの町内のボスは、ヘドロ投棄に反対した住民をたしなめた。

「子々孫々に至るまで行政官庁に悪い感情と、互いにわだかまりを残す様なことは頼んだ覚えはない。地元議員そして市長始め市当局に恥をさらすような言動は慎んでいただきたい」（「ヘドロ問題投棄に寄せて」愛郷の士より、七一年一月）

人々が最も嫌悪する汚物三〇万トンを、ある日突然持ちこまれようとしたとき、これを拒絶するのは、「当局に恥をさらす」振舞いだろうか。恥ずべき者は「副知事さま」、「市長さま」ではないか。住民は拒絶の権利を放棄した。こうした土下座の思想からは、明日のために鎌を研ぐ生き方は生れてこない。悪臭とヘドロが渦巻く私の町には、お上の気色を損ずることを怖れおののき、領民化された「愛郷の士」が滅法多いのである。忍草の女たちはこの話を聞いても理解できないで苦笑するばかりだった。

一昨年の七月一八日母の会の一人が亡くなった。彼女を弔う渡辺さんの言葉は美しい。

「まつ子さん、入会闘争は、政府権力によって奪われた梨ケ原を忍草部落に奪いかえすという闘いであります。しかもこの闘いは、百年前の権利を、百年後の現在に確定させる闘いであり、これは文字通りきびしい国家権力との闘いなのであります。したがって、この闘いは、個人的な名利を求める者、立身出世に浮身をやつす者、また日和見主義者、権力従属主義のこりこう者などには、とうていできない闘いなのであります。ではなぜまつ子さん、私たち忍草部落民は、この困難な闘いをしなければならないのでしょうか。それは誰よりあなたがご存知のとおり、第一に、この忍草部落は近村のどこよりも土地資源のすくない一作一毛の貧しい部落であり、梨ケ原入会地がなければ、自立経済がなりたたないからであります。そして第二には、その梨ケ原を取りかえす時機は、今日、只今をおいて二度とこないからであります。まつ子さん、世間の一般的な言葉をかりれば、あなたは喜三さんの忠実な妻、信義さんの良き母でしかなかった。そして六〇年の生涯を渡辺家のために働いて働いて働きつづけてきたのです。そこには、一個の名誉も、一介の社会的地位も誰からもあたえられていなかったのであります。しかし、まつ子さん、真の名誉はなにか、本当の社会的地位とはなんでしょうか。それは形式的な役職でも、門ばつ、経歴でもありません。それは家にあってはそうこうの妻であり、外においては、全人民のためにむくいのない犠牲をいかにはらったかという点において評価されなくてはならないのであります

――「葬送のことば」渡辺喜美江・昭和四四年七月一八日――

「副知事さま」、「市長さま」とおずおず土下座する男たちと「百年前の権利を、百年後の現在に確定する闘い」に肩を組む女たちでは、もはや生きることの意味が全然ちがうのである。

しかし、忍草の女たちが、生きるとは何かとわが身につまされて知るためには、恥多き過去を自分のものとしなくてはならなかった。

農婦奴隷としてうずくまってきた過去だけではない。民生安定事業にすがるため自衛隊への使用転換を認めようとした過ちもある。

しかし、彼女らの胸に疼く悔恨は、自ら求めた道でなかったとはいえ、米軍とともに部落へおしよせたパンパンに部屋を貸し、「女郎屋のようなこと」、「女郎屋よりももっと悪いこと」を犯してしまったあわれさである。東富士演習場の近くにもこうした哀話と傷痕は数えきれない。

私の町でも大企業を貸元とした精神的パンパン屋がどれほどいるかわからない。しかし、そこまで見事に落ちこもうと、そこで見たものが問題だ。忍草の女たちは、地獄のおそろしさを見た。彼女た

ちがそれを地獄だと気づいたとき、「そこは極楽浄土だ」と教えてくれたのはお上（防衛庁の役人）だった。

ひとたびは地獄におちた彼女たちだったが、その奈落の底から仰ぎ見たのが外ならぬ「富士」である。

なぜ忍草の女たちはたたかうのか。からだを前に乗り出してながいながい道のりを、うまずたゆまず歩きつづけようとするのか。そう問いかけるときまって彼女たちはいうのである。

三五年頃までは、亭主らが主力だった。しかし、ながいたたかいだから、いつまでも男が働かないわけにはいかない。土方へ行っても男なら日当二、〇〇〇円、女では、一、三〇〇円から一、五〇〇円ずら。それじゃ経済的にまいっちゃう。「戦術的にいえば」とそんないい方も身についている。三〇〇人動員してもやっつけられるときはやっつけられる。ちがう人間が、ひっくりかえしほっくりかえして出かけていけば、息のながいたたかいができる。防衛庁では、忍草の男は戦意をうしない、ひとにぎりのカカアらのお遊びだなんてぬかすけど、とんでもない。このあいだだって、旦那らは次のゲリラに飛び出して砲座の前に座りこみ、とうとう一〇六ミリを撃たせなかったじゃないか。

女が本命になったのは、四〇年のリトルジョンの時だ、というのである。

たしかに「経済的」、「戦術的」な要求がそうさせたにちがいない。しかし私は、彼女らのおきてを見て思う。

ここには有名な母の会憲法がある。「絶対に権力に頭を下げないこと」「警察に逮捕された時、口を割らないこと」「代議士などにもらい下げを頼まないこと」というのである。

法三章の簡潔なきびしさだ。誓約集団のおきてであるが、権力をこの眼で見とどけた人間が、おのれに誓った言葉である。

旦那らは、ながいあいだ彼女らの自由を片手で握ってきた権力者だった。食べるもの、着るもの、仕事のすべてが彼の胸三寸ではかられた。そんな強い旦那をも土下座させる権力がもう一つ部落の上に君臨していた。お上である。明治以来の入会地にかかわるむらの歴史には、お上は畏れるもの憎いものとして刻まれている。

こうした風土だったからこそ彼女らは「叛逆」について饒舌でなかった。無力で従順なドレイのようにくらしてきた。それは無権力者の知恵である。しかし、けっしてドレイだったわけでない。見せかけのドレイたちはせっせと鎌を研ぐ。富士にさす光に向けて、はればれと鎌の刃先を突き出す人間に彼女たちは育っていた。

教育者はほかならぬ権力という反面教師だった。三里塚でも臼杵の風成《かざなし》でもそうである。反面教師の権力はいつか人間を目ざめさせてくれる。

うらは、けっして頭は下げない。口は割らない。代議士なんかに転げこまない。同じ人間だからだ、と彼女たちはいう。こうして知った自由と権利を公に向けて求めるたたかいが忍草である。

私たちには国家や公を絶対化し、虫けらのごとく死んでいった歴史がある。地域開発で公害を正当化す思想のなかにもそれは巧妙に組みこまれている。彼女らの安保、ベトナム、沖縄へとひろがる政治意識も、こうした「人間」を根にしてはじまるのだ。

はじめに土があった。そこに人間がいた。人間をとりまいて権力があった。旦那からむらへ、むらから国へと結びついていた。女たちのものを見る眼がそこまで拡がったときベトナムが身近なものになったのだ。

村境の一寸一尺を争うけんかではない。相手はアメリカと日本である。数えれば三百戸にいかない山麓の小村が、世界の最大最強を土俵に引きこみ二〇年にも及ぶたたかいになった。だから相手に不足はない。しかし彼女たちのすがすがしさは相手を甘く見ないことだ。権力はいつも残忍で冷酷で狡猾である。今年は弾圧がきびしいだろうという。成田では強制代執行がはじまろうとしている。臼杵の風成では公害企業の進出が機動隊に守られて始められた。状況は私にとっても変らない。三年前逮捕者まで出して阻止した富士火力が、電力不足、地域開発にことよせて再び強行の構えを見せてきた。権力の血に迷った狂気を前に私たちの思いは同じである。かりに滅びることはあったとしても、その死にざまだけは見とどけたい。「見るべきほどのことは見つ」と私がいう前に「自分の葬式ぐらい自分でやらあ」といい切る彼女たちである。

私は、凍てついた梨ケ原を歩く。斜陽のなかでかげりはじめた富士は陰鬱で重い。もしこの時刻に田子の浦から眺めたならば、端麗な絵姿の山として早春の情《こころ》さえ動くにちがいない。富士は表と裏ではそこまでちがう山である。人間のこころが、この山麓の、北と南でちがうのはそのためだろうか。

私の町には駿河湾を一望に俯瞰できる丘がいくつもある。そのうちのもっとも眺めのいい一つに、風雨にさらされて南面する偶像がある。大昭和製紙社長故斉藤知一郎氏の全身像は、静岡県立吉原工業高校の一角に立っている。

知一郎氏とはいかなる人物か。その生涯は武者小路実篤氏や北川桃雄氏によって書かれた評伝、伝記とは別に、庶民が口伝する実録のなかに真実は正しく記されている。

私はいまその一頁をひもといとまはない。ただそこに佇立《ちょりつ》する一個の偶像が、黒々と腐蝕して公教育の場を占拠し、市民の一部がこれを神格化している「富士信仰」と、「富士公害」の因果関係を思い起すのである。

公害企業主が偶像化された私の町と、偶像破壊へのたたかいが土民によって起されている忍草とは、どちらが人間のむらなのかと、私は梨ケ原に立って慄然とした。

〈一九七一・四〉

裁きはまだ終らない

――イタイイタイ病裁判に思う――

私が小松みよさんにお目にかかったのは昨年一二月の公害国会のときである。そのときは全国の公害地から死者の代理人もしくは黙っておればいつかそういう運命にさせられるかもしれないとおそれている人たちが、「世界でもっとも先進的」だといわれた公害関係一四法案がどのように審議されるかをたしかめようとしてやってきたのである。田子の浦では死者はまだ出していない。しかしいつそうなるかわからない状況を抱えている。

私はさくらえび漁が不漁に追いこまれた由比港の漁師大政といっしょに出かけた。彼はその年の夏駿河湾水軍の先頭に立ってヘドロの港と大昭和製紙にはげしいデモをかけた。虫けらには虫けらしい抵抗の仕方があるといって一昨年の三月二九日の深夜には、火力発電所の建設を議決しようとした富士市の議会へ、八百人の漁師とともになぐりこみをかけたこともある。いなか政治が好きな男でいつも自民党の片棒をかついでいたが、ヘドロをまともにかぶされてからはそんなわけにいかなくなった。「大昭和製紙にたれ流しを許し漁師はがまんしろじゃおさまらねえ。これじゃ政治は企業の味方。

法律なんかあってもなくてもおんなじだ」といいはじめた。たしかにパルプ廃液を川へ流しつづけている大昭和製紙は、それを慣行水利権だと主張していっこうにやめようとしない。政治はこれを問題にしたことはなく、法がこれに歯止めをかけたこともない。もし政治と法がいささか良心を奮い起してこの事態に取り組んでいたならば、田子の浦の汚染は一〇年前に解決していた。しかし昭和三六年水質二法ができてからかえって水汚染は増幅されたのである。そんないきさつがあるだけにこんどは「世界でもっとも先進的な公害法だ」と佐藤さんがいうから、それならこの目でたしかめようじゃないかと私は大政と出かけたのである。

富山、水俣、四日市から来た人たちはみな死者の代理人という思いを抱えていた。代理人というより化身といったほうがよい。他人さまにはこの気持ちはわかりませんよといった拒絶のようなものが私を圧倒した。田子の浦でも私たちは毎日怒りと憎しみに包みこまれている。しかし、この人たちに会うと、それはまだゆとりのある人間のいい草のように思われた。どこかに息ぬきが用意され逃げ場もある。もしかすると、その逃げ場によりかかることで、怒ったり憎んだりデモをしかけたりしているのかも知れない。

その人の身になるとか、交流連帯ということがどんなにむずかしいかは私の日ごろの思いだが、死者と隣りあった人たちの前に出ると、いよいよそんな言葉は出てこない。近ごろこの言葉がやや流行化して使われている。それが政治的な効用をはじめから意図している場合は例外として、無意識のうちに自分を優越者の立場において同情とあわれみをそそぐという状況がないとはいえない。もし連帯が可能であるとするならば、私と大政の場合はヘドロの海へ沈みこんで、差別される側の論理をそこで貫くことでしかない。自分の抱えた問題にどろんこになり切れなくて、どうして、それ以上の重荷をしょった人の心に入ることができるだろうか。

私たちは、小松さんや水俣の浜元二徳さん、四日市の阪紀一郎さんと同じ宿にとまり食事をともにし国会へ通った。この人たちは不自由なからだに怨念を刻みつけていた。それをひきずるようにここまで持ってきた心を私は距離をおいておしはかるだけだった。国会議事堂という建物は、おらが町の代議士が婦人会や町内会の役員を引きつれて、センセイとはかほどに権威あるものだと思いこませるにはうってつけの舞台装置である。しかし、そこが私たちのくらしにかかわることがらが、どのように審議されているのかと、こちらから進んで入ろうとすると、にわかに拒みはじめるところである。なるほど傍聴規則というものがある。「傍聴券所持者は傍聴人受付けにおいて衛視または警視の検印を受ける」。そして傍聴席にあるときは「帽子、外とう、かさ、つえ、かばん、包み物等を着用または携帯しないこと」になっている。私は上着の襟までひっくり返えされた。そのとき小松さんは婦人衛視から検問されていた。婦人衛視は小松さんが抱えていた小さなハンドバッグを取り上げると、白手袋の手をつっこんだ。中からハンカチで包んだものを取り出すと「これはなんですか」と声はやさしいが詰問調でただした。前かがみの体をのけぞるようにした小松さんは「ゼニはあまり入っとらんが、これはわたしの財布だ」と衛視を見上げた。「あずかります」と婦人衛視は表情ひとつ変えないでバッグをロッカーに入れた。

一四法案の審議は公害現地の事実認識が甘いという意味で私たちの心にせまるものではなかった。ことに公害処罰法案の審議ほど失望させたものはない。「公衆の生命または身体に危険を及ぼすおそれのある状態を生じさせたものは……」について辻法務省刑事局長は「危険を生ぜしめた」というのは魚介類が汚染されたときでプランクトンが汚染された段階はまだ危険と見なされないというふうな説明をした。この人の説明は、病気になったり死んだりしなくては公害とはいえないというように聞える。私の県から出た法務大臣も恐れある状態を削除しても法の効力は少しも変らないと力説した。もっとも、この大臣はその後私の町へ来て「公害法をやかましくいうのは社会党と共産党だけである。無過失責任を認めれば産業が破壊され社会生活も成り立たない。国民の健康優先もさることながら企業あっての生活であり而して健康ということになる」と本音を吐き、それからの一連の放言と重ねあわせて、こんどの参議院選挙では落選するお返しをもらっている。死んだ人がいる。いま苦しみつつある人がいる。そういう重い現実は議事堂の検問所の前で封じこめられ、連合審査会は被害者を置きざりにしていたずらに熱っぽくなるばかりだった。そんなやりとりをじっと聞いていた小松さんは「これで公害がなくなるでしょうか」といった。

四大公害訴訟はいま被害者たちの怨恨をたぎらせて進められている。私たちもヘドロ公害で公害四社と知事を告発した。その場合、犯罪事実を前にしながら、港則法や港湾法、河川法などにすがらなくてはならないことをどれだけもどかしく思ったかわからない。このことは四大訴訟についてもいわれるはずである。鉱業法一〇九条、民法七〇九条は、いずれも損害賠償の請求である。被害者の真意は損害の賠償にあるわけではない。犯罪として公害が裁かれそれによって再び不幸な事態が起こらないことを願っているのである。しかし、そうした裁きを有効に進めてくれる法体系がないことを身につまされてきた私たちは、公害国会で「世界でもっとも先進的な公害立法」がなされることを期待したのである。

小松さんは傍聴しているときも宿に帰ってからも「これで公害がなくなるでしょうかね」と何度もつぶやいた。宙を舞う立法論議を聞きながらイタイイタイ病裁判の行方を案じていたに違いない。公害裁判がながい忍苦の道のりであることは、それにかかわっている人ならばみな覚悟している。だから勝たなくてはならない。また必ず勝つという希望にすがりながら、忍苦のながい道を歩いてきたのである。それにもかかわらず、これで公害がなくなるのかと深い不安にかられて何度もつぶやく小松さんを見ると「かりに裁判に勝ってもわたしの失ったものはもどらない」といっているように思われた。裁判はどれだけのことを償うことができるであろうか。これは裁判というものがいつも問われていることである。時間を逆転させることも、失われたものを復元させることもできない一回性のなかで、もし裁判がなし得ることがあるとするならば、この世に道理が存在することを証明することでしかないだろう。

人のものを奪ってゼニを儲けてはならないということはだれも知っている。この自明の道理を無視することで、私の町では大昭和が支配者として君臨した。いま日本を支配する大企業のうちこのようなルール違反を犯さなかったものは一つもないであろう。その結果を繁栄というならば、私たちは虚構の繁栄を拒絶しなくてはならない。

イタイイタイ病裁判に期待する私の気持ちは、この虚構の繁栄を裁き、そのようなもので置きかえのできない人間の道理を証明してくれることであった。もしこの裁判がそのような裁きを下してくれたなら、それはすべての者に共有され、忍苦のなかでたたかい続けた人たちの苦しみはいくらかやわらげられるかも知れない。三日間公害国会を傍聴したあと、私はそんな思いで小松さんたちと別れた。

それだけにイタイイタイ病裁判の判決が出る六月三〇日（七一年）を、私はかくべつの日として迎えた。

この訴訟が勝つか負けるかではなく、どういう勝ちっぷりをするか、また裁かれた者が、どんな見事な負け方をするか、その見事さによって、浮き世に生きていることの意味、勝者も敗者もそれによってしか救われないことの意味をかみしめようとしたからである。

そのころ私は、この裁きに縁の深いある風景と一人の男のことを思い出していた。それを自分の前に引き出すことによって、私はこれからはじまる裁きに自分をかかわらせていたのである。

一〇年前の夏、私は飛驒を通って富山から能登へ小さな旅行をした。旅の二日目に高山から国道41号線を車を走らせた。飛驒街道という呼び名に心がひかれ街道筋の民家の前で、ときどき車をとめた。すでにすすきの新穂がゆれている丘に「転月」と刻まれた石碑《いしぶみ》を見て、山国に住む人たちのくらしと歴史を想像したものである。神原峠にさしかかると舗装も切れて、砂ぼこりがまいた。そこを越えると全山岩はだをむき出した巨大なかたまりが迫ってきた。その異様な風景に私は圧倒された。

その後、これとまったく同じ驚きを二度経験した。一度は足尾の鉱山であった。そして最近大分県津久見で石灰を削り取った山を見た。山は木でおおわれていなくてはならない。そんな素朴な自然観を持ちつづけていた私に、そうでないことによって最初の衝撃をあたえたのがこの神岡であった。木もなく草らしきものも見当たらない。紫がかった黒い岩の障壁が視界をさえぎって私の前に立ちはだかった。麓には人家が密集している。飛驒の街道筋で私の心をとらえたような民家のたたずまいではなかった。これが鉱山町というのかと、私はこの町の天をさえぎる巨大な山塊を何度も仰ぎ見た。木曽の谷を歩けば深い森林と清れつな流れがある。富士山の裾《すそ》を取り巻く森林は、新緑と紅葉で生きもののように変ぼうする。しかし、ここは呼吸をとめた廃墟であった。その裾を流れているのが高原川というのであった。これが魔性の川の原流として下流の人びとのいのちを奪いつつあったということは、通りすがりの旅の者には気づくはずがなかった。私はその「清流」にそって車を走らせた。異様な音がした。私の車のフロントに毛細管のような亀裂が走り、にぶい音を立ててガラスの破片がひざに飛び散った。「落石注意」の案内標識に気づいたのはそんな事故があってからのことである。「三井鉱山神岡鉱業所」というものを、私がいまに思い出すのは最初の印象がこのように衝撃的であったためばかりではない。ある時期ここで所長をしていたKという男がこの風景と深く結びついたからである。Kは遠州浜松の出である。私は昭和二五、六年ごろ彼の弟と同じ職場で教師をしていた。

そのころ「うちの兄貴がインドへ行くので、会ってみないか」と誘われた。そんなことで私がKに会ったのは八重洲口の近くのホテルだった。顔立ちや声までそっくりの兄弟であるが、三井の番頭として年季を入れていたKは、いなか教師の弟や私とちがって貫禄があった。貫禄とは弟であろうと初対面の他人であろうと歯牙にもかけない横柄さのことである。そこで兄弟がどんなことを話したかいま私は時間の皮膜をすかして思い出すしかない。

私が神岡鉱業所のある町を通ったのはそれから一〇年もたっていたから、そのときKがなお所長をしていたかどうかはわからない。私はただその風景に驚き、それとKとを単純に結びつけてその町を通り過ぎたのである。しかし、いまにして思えばそのときすでに神通川の下流では人間の運命を狂わす異変がふき出していたのである。

ただ川筋の人たちは、上流で何が起こり異変の下手人がだれであるかに気づかないまま、川にすがってくらしていたのである。私にとってこの風景と一人の男の意味がまったく一変してしまったのはこれが「イタイイタイ病」事件であると知られてからであった。あれは魔性の風景だ。彼は累犯者の一人である。そんなふうに思えてならなかった。

「河川は古来、交通、かんがいはもちろん、飲料水その他生活に欠くことのできない自然の恵みであって、われわれはなんらの疑いもなくこの恵みにすがって生きてきた。神通川もとよりその例外ではない」とは判決書の一節である。胸をひらいた母親の乳房を、赤子がなんの疑いもなく吸いよせるように、神通川下流の人たちは母なるその清流に口づけすることによって安らぎとしあわせを保証されていた。ここでは保証されているという自覚はなかったであろう。そうすることがきわめて自然なくらしのリズムであったから、何十年もそのようにくり返してきたのである。不知火海の漁民が地先の海でとった魚一匹を疑わなかったことと同じである。私たちは自然の恵みにしろ、他者にせよ、いちいち検証して生きてきたのではない。生きるとは他者を信ずることだったからである。かりに、大久保清のような男が飛び出したり、人間をなぎ倒して走り去った暴走車が現われることも予測される世の中であるが、この世の中を最終的に支配するのは道理であり、それにすがって生きることがしあわせであるという大筋を疑うわけにはいかない。しかし、神通川の川筋ではそうした大筋がとっくに断ち切られていた。信じてはならないものが信ずるに価するもののごとく偽装されていた。そのことで次から次へいのちが奪われたのである。それを業病もしくは風土病として放置してきたのが今日の文明であった。

判決書は前に引用した一節につづいて次のようにいっている。

「河川等の自然環境の維持、保全が制度的に確立されない以上、右廃業物による損害防止の技術的設備を整えること、およびこれを十分尽くさなかったことから生ずる被害の救済は、経済活動を行なう企業に求めるほかはない」

常識として受け入れられる指摘である。三井はこれを無視したことによって断罪されたのである。

この四月、四日市の石原産業と田子の浦の大昭和製紙が相ついで不起訴になった。いずれも廃棄物を港則法にいうみだりに捨てたことにならないからというのであった。自然環境の維持、保全が制度的に確立していなければ、どんな破壊行為をしてもよいと保証したようなものである。こうした検察の態度一つをとっても私たちのまわりには絶望的なことがあまりにも多い。六月三〇日の判決はそれだけに私たちに希望を与えた。

公害はすべて訴訟に持ちこめと教えてくれたからではない。道理が滅びていないことを証明し、それによって日本の公害企業の総体と、いまの文明状況を裁いたことのほうが重大であった。

しかし、果たして三井は断罪されたのか。道理に服したといえるであろうか。判決直後、三井は控訴した。老舗《しにせ》にしてはいかにも未練がましい負けっぷりであった。それもさることながら、判決は犯罪の総体としての三井を裁いたが、この事件に個有名詞で関係してきた者、たとえばKのような者はどうなっているのだろうか。刑事訴訟でないから個人の刑事責任は問われないというふうに置きかえると、七月一日午前零時半両者の間で札束がやりとりされたことで、いっさい決着したことになる。Kはこの事件が進行していたある時期に、神岡鉱業所の所長という責任ある地位にあった。このことは、いつまでも彼を事件の核心につなぎとめている。「大正時代から昭和二〇年代にいたる相当長期間継続して（カドミウム、鉛、亜鉛などの重金属類を含有する排水が）放流された」（「判決書」）ときに、神岡では数え切れない労働者がこの作業についていた。Kとの比重のちがいはあっても事件と無関係ではない。これらのことはいま問われなくてよいのであろうか。もし責任は最終的に個人にかえってくるというルールが、あらかじめ確立していたならば労働者ははじめから加害者の下請けなどはやらなかったにちがいない。二次、三次とつづく訴訟のなかでこのことが明らかにされないかぎり、裁きは終わったとはいえないのである。

〈一九七一・七・二二―三一〉

病める燧灘のほとりにて

啼《な》いて
　夜更けて
千鳥が渡る
沖の蔦島《つたじま》
　月あかり

雨情

わたしは、仁尾《にお》漁業協同組合長（香川県）の小山清右ヱ門さんと、船着場のコンクリートに腰を下して、暮れなずむ沖の小島を眺めていた。燧灘《ひうちなだ》の空を染めた色があせたと思ったとき、小島の影がにわかに濃くなった。

「組合長さん、あの島なんていうんだい」

「あれはな、蔦島いうて、野口雨情が、ほれここに歌碑があるんじゃ」と清右ヱ門さんはそこに刻まれた歌を口ずさんで見せた。

わたしはやっかいな手続きをはぶいて、のっけから海と漁の話にはいっていた。「田子の浦から来たよ」といっただけで「ああ」と了解が成立ったようである。

「燧灘は、瀬戸内海の中央部に位し、備後灘とともに紀伊・豊後両水道系の水塊の離合するところで、西部は来島海峡によって安芸灘に通じ、東部は長さ約五〇キロメートル、最短幅八キロメートルの備讃瀬戸をへて播磨灘に通じている」(『燧灘東部海域の汚濁状況調査報告』——日本水産資源保護協会)。

黒潮と差しむかった駿河湾の海づらを見なれたわたしには、ここは湖のように静かであった。一〇月の半ば、この海の漁民千三百八十九人が、愛媛県川之江・伊予三島の製紙汚水で、中央公害審査会へ調停申請書を出した。そのときわたしは、今年(七一年)の六月ここの漁民が田子の浦を見に来たついでに、わたしのところへ寄ってくれたことを思い出した。

駿河湾では、一〇月一三日、サクラエビの秋漁が解禁になり、由比・蒲原の四四統が一晩で二杯七升五合しか獲れなかったと地団駄ふんだ。一杯といえば一斗ますいっぱい分である。ヘドロでやられているのは田子の浦だけではない。

一五の時から、潮の上でくらしてきたという清右ヱ門さんは、この燧灘は自分が育った海だから、未練があってよう転業し切れん、海は、もう死んでしもうとるので、船は売りたくとも誰も買おうとせんのじゃ、といった。湖のように静かな海と、蔦島をさしながら、ここは「がらく」(藻)が茂って、エビがよう育ったが、それがいま枯れてしもうて、船を走らせても波の音はしゃばしゃばせん、というのである。「海は死んだ」ということをわたしはこの沿岸の漁民から何度も聞いた。それなら、さばさば見切りをつけて陸へ上がるかというと、若者たちはそうであっても、清右ヱ門さんのように燧灘と血縁の関係を結んできた漁師は、自分の体温でもういちど「死んだ海」をよみがえらせようと、未練を捨て切れない。

わたしは、この海を死にいたる病に追いこんだ川之江と伊予三島へ行った。県境の余木崎を過ぎると、わたしの町と同じにおいが、おいかぶさってくる。三島港にそそぐ赤之井川は、川というより茶褐色のパルプ廃液の排水路だった。メチルメルカプタンの臭気といい、川と港と海の色といい、そっくり同じである。

秋の静かな潮の流れは見定めがたい。しかし、かすな潮目を追っていくと、岸をひたして茶褐色の潮は東へ流れていた。

この汚染源からいちばん近い香川県の漁協は豊浜町である。組合長の植村与一さんは、由比港の"大政"(大政丸船主・原剛三氏)を、あと一〇年としをとらせたらおそらくそうなるだろうと思わせる気っぷと風格の漁師だった。与一組合長は、国土地理院発行の五万分の一の地図「観音寺」をわたしの前にひろげ「この海の潮は、政治家や製紙会社の社長たちにはわからんのじゃ」といった。地図には潮流と水産資源がびっしり書きこんであった。「全滅したもの」――イイダコ、白貝、マテ、ハマグリ、大ダコ、塩吹貝、ナマコ、ホンダワラ、アジ藻、とひとつひとつの漁場《ぎょば》が印してある。「鯨とオットセイ以外はなんでもいた」そんなふうにここは黄金の海だった。

与一組合長は、若いとき図南丸で南氷洋の航海一五回、北氷洋四航海、マグロの一本釣を東カロリン群島でやったことがある。そうした世界の海より豊かな燧灘が汚されたのだ。汚染源は目と鼻のさきだが、県がちがうばかりに相手を土俵に引出せない。「わたしゃ、いま漫画をひとつ考えてるですがな。碁石の白が、黒い石にかこまれて、ようぬけきらん漫画をな」

白い石も黒い石も愛媛県にある。黒い石はどす黒いパルプの廃液をたれ流す大王製紙会社だ。そして、白い石は、その製紙会社を押え切れぬ白石愛媛県知事のことである。

観音寺漁業協同組合の白川騰組合長は、そうした越境交渉のもどかしさをわたしに語るのだった。

「去年の八月、一五日か知らんが10号台風のとき、沖の魚も陸《おか》の魚もぜんぶ死んでしもうたんです。そんで、海上デモやって向うへかけあいにいったわけですな。デモする前に、香川県の水産試験場と県庁で、大々的に試験してくれたんです。香川大学の先生にも試験はすうと（ずっと）してもらいよった。そういうデータを集めて向うへつきつけたが、香川県の試験だけでは信用でけん、愛媛県の水産試験場にもしてもろうて、もう一段権威のある、国の権威のあるところで、試験してもろうて、その結果が出たら、話しあいに応じましょうと、向うの話しであったですな。そんで、日本水産資源保護協会にお願いして結果を出したわけなんです。そんで、こっちの漁業の被害は六四％までが愛媛県の紙パルプの廃液だということわかったんですが、魚に影響がなんぼあるか、なんとかいうて自分の理のあるところおしつけてくるわけです。いやもう、われわれは国から許可もろうて操業しとる、むかしは水質基準もなにもなかった、市や県が来てくれ来てくれいうてここへ来たんだから操短するような考えは毛頭ないと。香川県の方へうちの汚水、流れているとは思わんと。あんたがそういうように思わんであったら、いまの海がどうなっとるか、うちらの方で船の五隻や一〇隻はいつでも出すけん、各会社から信用のおけるのをひとりあて見て来らしてくれ、いつでも船出して操業して見せてやるけんというたんです。そうすると、いそがしいいうて行くことでけんと。

あんたのところの大昭和というのとちっともかわらんですな。

そんで、われわれはこの八月二七日に、五回目の四者会談やって、あんまり因業なことというで打切ることにして、中央の調停へ出す、といい切って帰ってきたわけですが、調停に出すいうても相当に日数もかかる。その間、組合員をおさえるというのはひじょうに困離じゃということですな。デモでも、実力行使でもやると各組合長寄って話したんですがな」

「こんどは実力行使やるいうたら、ただ市中行進とか、なんとかではおさまらんぞ。どうでもみないきり立ってるんで、会社の中であばれる人もできるじゃろうと、われわれもあなな（あんな）、そのただ市中行進するようなデモであったら、やらんでもいっしょじや、せめて向うの会社を二、三日とめるようなことせんといかんということ相談しとったわけです。で、もうやるんだったら、どこやったら会社がいちばんこまるか、ひとつそこ見てこなきゃいかんと、あくる朝さっそく一〇人で川之江と三島に分れて偵察に行ったわけですな。わしは三島の方へ行ったわけですが、あそこの赤之井川というところから水とっとるわけです、銅山川から水引いて。そこは二〇メーターそこそこの狭い川ですかな。この水をひとつ止めたら会社の運転とまるやろ。せきをひとつぱたんとかえしてしもうたら、水がさっと流れてしもうて工場へは水がはいらんけん。そのせきをこわすには人間の二〇人や三〇人やではなかなかこわれん。水もあるし、そいでこわれたとき水といっしょに人も流されるし、人命に関するようなことになる。ちょっと具合わるかろう。そこで、川へビニールのぼろ袋トラック二、三杯ほうりこんだら、いやがおうでも機械とめにゃいかんだろう。それといっしょにコールタン（コールタール）ぶちこんだら、紙抄《す》くんじゃから、コールタンはいったら紙抄けんじゃろというように考えておったんですけんど、まあ弁護士の人に聞いてもろうたりなんかしたら、それやると共同謀議が成立して、各組合長は全部引っぱられるんじゃろ、参加した人間はいちおう全部検挙されるんじゃろう。そんでまあ、あと困るようなこととして、人に笑われるようなことなったら、くだらんということで県へも陳情し国へも陳情しようということになったんですがな」

追いつめられるとみな同じこと考える。田子の浦でも由比の漁師は港にぼろ船を沈めてふさぐことを考えた。

観音寺からわずか三里沖合の伊吹島は「いぬい高うて、たつみ下りの宝島」といわれた。北西が高くて、南東にしたがって低くなる。そういうかたちの島は、黄金《こがね》が波打つほど縁起がいいというのである。漁業一本でまとまっていたこの島は、戦前朝鮮や東シナ海に出漁し、瀬戸内に聞えた網元たちを中心に、富み栄えた島であった。ひところ四千人を越した人口が、いま二千人を割ろうとしている。この過疎化に拍車をかけたものが燧灘の汚染であることを島の人は知っている。この島にかぎらない。燧灘の汚染はすでに多くの島から漁師を陸へ上がらせた。「このままいけば、じり貧ですな」とどの漁師もいうのである。しかし、その顔は暗くなかった。

どこでもそうであるが、海で働く男たちは、ひどく開放的で底ぬけに明るい。駿河湾のサクラエビは、秋漁の漁場が大井川の沖合へ移ってしまった。ひとくら（一網）曳いても「一杯七升」しか獲れないことがある。彼らは船べりをたたいて不漁の海を歎く。しかし、陸へ上がって一服し、また海へ出るとなれば、吉良の仁吉を歌いながらともづなを解く。その明るさは、今日不漁でも明日がある。明日は「一日千貫」の大漁になるかも知れないからであった。漁師はそうして生きてきた。

しかし、その「明日」は、いつまで続くであろうか。海が健康であったからこそ天の恵みは確実にやってきたが、すでに病みつかれた日本の海は、やがて彼らからこの明るさを奪うことになるだろう。

〈一九七一・一一・一九〉

工場閉鎖の損益勘定といごっそうの住民運動

高知は、寅彦のふるさとである。彼は、少年時代を送った高知の田園生活を、「世にも仕合せな運命であった」（随筆『絲車』）と述懐している。郷国でかかわりをもった幼な友だちや、近隣縁者のことが、そのような思いを深めさせたのだろうが、その人たちを思い出すことによって、いつも鮮やかによみがえってくるのは、高知の美しい自然であった。

寅彦の屋敷趾は、いま「寺田記念館」となっている。その前を、彼に「仕合せな運命」を感じさせた江ノ口川が流れている。両岸を人家が埋めつくして、どちらかといえば堀割りの感じである。むかしは川幅が広かったというが、しかし不思議な川筋である。同じ市内を流れる鏡川ほどには大きくないが、ここは「大川筋」と呼ばれている。

「明治維新、自由民権運動の頃から、中央で活躍した人物がほとんどこの大川筋で育った」からだろうか。たしかに土佐のいごっそうが、よそ者に向かって誇る「人物」は、この川筋で生まれている。海援隊の副隊長池内蔵太、会津戦争の小南五郎右衛門、堺事件の西村左平次、そして自由民権運動では板垣退助、中江兆民、植木枝盛。さらに国文学者の大町桂月、漱石門弟寺田寅彦。軍人の系譜になると海軍大将・元帥島村速雄、永野修身などがいる。変革期に出会った土佐藩は、「志士」や「思想家」を生み出しやすかったのかも知れない。いごっそうたちは、そのことを充分わきまえたうえで、とくにこの大川筋にかぎって人物が育ったのは、江ノ口川が清流だったからだと説明する。「自由は土佐の山間から生ず」、「水清くして偉材出づ」という言葉の好きな人たちである。そうしたことをいまもすんなり信じている者の多くは、寅彦が随筆『凌宵花』で「裏の小川には美しい藻が澄んだ水底にうねりを打って揺れている。其間を小鮒の群が白い腹を光らせて時々通る」と書いた時代をだいたい共有している人たちである。

しかし、いま「寺田記念館」の前を流れる江ノ口川は、川といえるしろものではない。あるかなきかに淀んで流れる川面からは、硫化水素の気泡がたえまなく吹き上げている。工場廃液が完全に占拠した排水路である。そういえばこの川にかかる橋のたもと、小津橋、上ノ橋、廿代橋、一文橋には「日本一の悪水川、地元住民の恥」と書いた立看板が見られる。

高知はむかしから紙の産地であった。この川筋にも小さな製紙工場がいくつかあった。昭和二〇年頃にはすでに江ノ口川はかなり汚れていた。これがいまのようにひどくなったのは、昭和二五年「高知パルプ」の前身「西日本パルプ」が進出してからである。西日本パルプは昭和三三年伊予三島の大王製紙に合併され「大王製紙高知工場」となった。三六年にはいったん閉鎖され、別会社「高知パルプ」として発足した。しかし、資本と経営は大王製紙に組みこまれていたから別会社とはいえなかった。いま香川県の漁民から燧灘《ひうちなだ》汚染の責任を問われている大王製紙は、瀬戸内海と同時に太平洋岸を汚してきた典型的な公害企業だった。

西日本パルプが高知市内に進出しようとした昭和二三年、高知市議会は亜硫酸パルプ（S・P）工場の操業を危惧し、公害防止にきびしい条件をつけるべきであるという要望書を市長と知事に出した。それによると、廃液は「工場敷地内で完全に処理する」、「操業開始前に、排水路及び江ノ口川並に堀川の完全しゅんせつを行なう」、「如何なる場合においても被害が発生したときは、会社は全責任を負担してその賠償にあたる」など七項目を出している。それでも被害を出す場合は「工場を閉鎖する」というきびしいものであった。これは一つの要望書にとどまったけれど、議会の意志として工場閉鎖をとりあげたことは、最近の「公害防止協定」の甘さとくらべられてよい。とくに企業活動は「人類の福祉を前提とすることが必須で、もしそれが人類に脅威をあたえ破滅に導くが如きものであるとすれば絶対に許さるべきものではない」（昭和二三年一二月一七日・高知市議会第一四三号「未晒亜硫酸パルプ工場設置に関する要望書」）という考えを明らかにした。大石環境庁長官は国連人間環境会議で、GNP優先は誤りだといったが、二四年前の一地方議会は、すでにそのことについて地方都市の生き方をこのように選択していたのである。もしそのことが、県市の行政の中にすなおに取り入れられていたとするならば、江ノ口川も浦戸湾もいまのような醜怪な姿をさらさずにすんだであろう。

高知県と革新市政の高知市には後進県というあせりがあったのか、公害企業に寛容であった。そのうえさらに「猫額大の風景に恋着して、世の進展に取り残されてはならない」（昭和三五年・高知県港湾課長）と、浦戸湾の三分の一（二三〇万㎡）の埋立てまで計画した。昭和四五年八月二一日、台風10号は高知市を水びたしにした。浦戸湾の不自然な埋立てが見返ってきたのである。市民はこの埋立て施行者の知事名をとっていまも、溝渕水害と呼んでいる。

昭和二三年市議会がかかげた思想は、さまざまな曲折を経ながらも、住民運動へ受けつがれてきた。

「浦戸湾を守る会」、「江ノ口川流域市民会議」がそれである。

高知県水質審議会委員の吉松清さんは、江ノ口川流域市民会議の代表である。一二三年当時、市会議員として要望書を提案した一人であった。「義とは、あるべきものが、あるべきところにおいて、あるべき働きをしていることだ」という。しかし、「江ノ口川は、川本来の義を奪われている」。これがカトリックの信者である吉松清さんの憤りであった。

知事も市長さんも　何しよるぜ
　公害おこして　五十年
　　よさこい　よさこい

昼はきんぶ（小鮒）を　夕べにやんま
　獲って　遊んだ　川恋し
　　よさこい　よさこい

寺田寅彦　大町桂月
　ともに育った　川かえせ
　　よさこい　よさこい

勤皇討幕　自由民権
公害追放　起ちあがれ
よさこい　よさこい

——吉松清作詞、「よさこい江ノ口川」——

いごっそうは、頑固に原則を貫こうとする。

昭和四六年六月九日午前四時半、「浦戸湾を守る会」の会長山崎圭次さんと事務局長坂本九郎さんらは、高知パルプにたいして実力を行使した。会社専用の排水管マンホール二つに、ドンゴロス（砂利をつめた麻袋）三〇袋と、生コン六トンを投げこみ、一五時間操業を停止させた。江ノ口川は一時清水をとりもどした。この実力行使は、会社が「四七年一二月をメドに工場を移転する」とした約束を、にわかにひるがえしたことによってひき起された。会社は三〇〇〇万円の損害を支払えといった。そのとき山崎さんは「おれたちは、現時点で法を犯したから裁きは受けよう。会社にあたえた損害も支払おう。しかし、ながいあいだ会社が市民にあたえた損害も、このさいかけ値なしに払ってもらおう」と逆にひらき直った。二人は「威力業務妨害」で起訴されたが、この「生コン事件」は、損を承知で道理を貫こうとするいごっそうの行動であった。高知の住民運動は、こうした際立った個性を水先き案内人として少しずつ切り開かれてきたのである。

この「生コン事件」は、深い衝撃を市民にあたえたが、高知県水質審議会は九月になるとＢＯＤ（生物化学的酸素要求量）四〇〇ｐｐｍを一五〇ｐｐｍにするきびしい上乗せ基準を出した。高知パルプは五月二日（一九七二年）工場閉鎖を発表した。五月二七日西日本パルプ以来二二年間、江ノ口川と浦戸湾を汚しつづけた公害企業の、すべての機械の音がとまった。窒息死したように静まりはじめた工場の一隅で一一三名の従業員大会が開かれた。が、企業内からの公害告発はすでに手おくれと思ったのか、従業員は会社が示した退職金額の上乗せについて話しあった。大会が終ると重い足どりで街の中へ消えて行った。しかし、会社との親子の関係を信じて働きつづけた年輩者のなかには、遺恨の別れ酒を汲み交わそうと、四人、五人と連れ立って機械のとまった現場の方へ戻る姿が見られた。動くことをやめてしまった現場の灯は、佗しいほど暗かった。一升びんの封を切ると、コップ酒で解散の小宴がはじまった。もたつき気味の最後の従業員大会にくらべると、ようやく人間らしい恨みつらみが口をついて出た。全員解雇の実感が胸をついたときはじめて企業内告発がはじまったのだ。

高知パルプの社長と三人の部長は、親会社大王製紙からの出向社員であった。「普通の会社がつぶれたというたら、おやじも子供もともに倒れこむ。が、ここの幹部はわしらの退職金を少のうおさえて、出世の糸口を探しているのじゃ」、「伊予の人間は、金もうけはようしぶとくて、こんど土佐の人間が、愛媛の資本にこけにされたのや」、「去年、浄化槽つくった、があれ世間ていや。夜は運転せやないか」

高知パルプの工場閉鎖は、公害責任をとった閉鎖だったのか。それとも住民運動に便乗した合理化だったのか。会社は、従業員には県の条例がきびしくなったのでと説明した。外に向けてはひとことも公害にはふれなかった。いずれの場合も住民運動を意識的に黙殺した。しかし、「経営者がいまひそかに感謝しているのは、浦戸湾を守る会の会長さんだろうな。なぜかって、工場閉鎖に名目をあたえてくれたんで」と遺恨の酒を汲みあいながら従業員たちはそういった。

彼らは住民運動に、いつも遠い距離をおいてきた。ときには企業の門をかたくとざして、住民の前に立ちはだかったこともあった。労働者として住民に連帯を申し入れたのは、退職金闘争がはじまってからである。こころ根のやさしい高知の住民は、そんないきさつにこだわりなく、生活権を奪われようとしている彼らに手をさしのべた。「清流をとりかえすためのながいたたかいの中で、私たちもも正直なところ、ときにはパルプ従業員が企業内告発に立ち上ってくれたらなあ、と不満に思ったこともあります。しかし、パルプ従業員も二重の被害者であります。私たち市民みんなの力で応援しようではありませんか」（四七年五月「生コン裁判支援会議」）と応えた。住民と労働者の出会いはおそかったようである。企業は、居ながらにして合理化を進めた。

こうして損益勘定が出て見ると、うまくやったのは、経営難の公害企業だったという奇妙な閉鎖劇に終っていた。しかし、企業のホンネとタテマエがどうあろうと、高知の町から有力な汚染源の一つが消えたのである。

〈一九七二・六・二三〉

あとがき

昭和三一年九月、熱海市教育委員会は、この町の主婦の思いのたけを綴った文集(『私たちの生活と意見』)を発刊した。パートタイムで旅館の下働きをしている女、屋台を引いて糸川べりに店を張る女、サラリーマン、商家の主婦、伊豆山の農婦、網代《あじろ》の漁師の女房といった人たちの生活記録であった。たてまえは「国際観光温泉文化都市」であったが、それとはまったくうらはらの町の姿が綴られていた。熱海は、芸者の町ともいわれた。

「私は、毎日の生活になんの目的もなく、愛することも、愛されることもなく、死さえ恐れないような心境になっている。でも、私は温泉芸者と白い眼で見られながら、毎日お座敷へ出て、お客の喜ぶような口から出まかせをいって、お酒を呑んで当分は生きているだろう」と、水商売のこころのうちを、このように書いた芸者もあった。

「声黒くわらひゐるならむ仕組まれし
　　筋書の通り議事進行す」

「女めが何言ふとばかりの語気聞きて
　　椅子引きよせて黙せり我は」

有力者が支配するＰＴＡを詠んだ主婦の歌である。

この記録のゲラができたとき、わたしはそれを持って作家の広津和郎さんを訪ねた。この高名な作家が、熱海に住みついてから何年たっていたであろうか。街を散策している姿や、コーヒー店で寛いでいるのを、ときどき見かけたが、じかに話したのはそのときがはじめてであった。広津さんは、さっそくこれに序文を書いてくれた。

『私は全篇をよんで、それぞれに心を打たれましたが、それは多くのお母さんたちがその体験からほんたうのことを語ってゐるからだと思います。かつて私たちが知っていた「日本のお母さん」たちは、もっと因襲のカラに閉じ込められてゐて、このやうに自分といふものを解放して、ほんたうの事を云ふお母さんたちではありませんでした。（中略）

熱海という誰の眼にも凡そ教育都市とは見えないこの観光都市で、愛児を教育することの困難と不安とを、この書の中で殆んど総てのお母さんが訴へてゐますが、それは私たちの心にも響きます。（略）』。

文集が出ると、熱海は騒然となった。現代の「魔女狩り」ともいえる弾圧がはじまった。女を蔑む思想が根強い温泉町で、女がものを言い出しただけでなく、こともあろうに松川事件の「犯人」を弁護している小説家に、序文を書かせた教育委員会は、アカだというのであった。反公害は、いまもわたしの町ではアカであるが、そういう烙印は旧体制《アンシャン・レジユウム》を、心情的に鼓舞するものである。社会病理的な温泉町で、人間の思いをつらぬくことの困難と不安、とりもなおさず人権を主張する声は、その日から一つ一つ消されていった。筆をとった女たちも、ひそかな共鳴をよせはじめた人たちも、やがて堅く口をとざしてしまったのである。

その頃、教師のあいだでは「教育の権力支配をねらう反動的文教政策を撤回する」（昭和三三年九月一四日、日教組・高教組共同声明）勤評闘争がはじまっていた。教師は、ものに憑かれたように、教育の自立と人間の解放について論じていた。おそらく日本の教師が、このときほど教育の危機を感じたことはなかったであろう。しかし、現代の「魔女狩り」が眼の前ではじまっても、それとこれとは無関係であった。勤評をおしつける権力と、温泉町を狂気にさせた「魔女狩り」は、同根の権力意思であることは疑う余地はなかった。が多くの教師は賢明に沈黙を守りつづけたのである。

いまわたしの町は、「紙の都」といわれ、「製紙は地場産業」という論理をもって、公害を正当化そうとする根強い動きがある。昭和三〇年代の熱海では「国際観光温泉文化都市」をたてまえにして、「魔女狩り」が行なわれたが、昭和四〇年代の「紙の都」では、「製紙なくして繁栄なし」の論理で、人権を主張する土民の声がおしつぶされてきた。状況は少しも変っていない。

熱海で、あのとき多くの教師が沈黙したのはなぜであろうか、とわたしは富士の住民運動のなかでくり返し考えないではいられなかった。公害は人権侵害の犯罪である。教育が、教育としてなり立つ存在理由は、差別や選別、隷属や泣き寝入りを排除する良心であったからである。とするなら、人権侵害の公害について、教師は自らの存在理由を問いかけなくてはならない。これは教育にとって原理的な問いである。しかし、熱海の教師があの場でそうした問いを出さなかったように、出さないことによって「魔女狩り」の幇助者になったように、わたしの町の教師も公害について自らの存在理由を問いかけようとはしなかった。

静岡県立吉原工業高校といえば、れっきとした公教育の場である。富士市立元吉原中学校といえば、これもまたれっきとした公教育の場である。この二つの教育の場に、公害企業主の全身像と胸像が、教育の指標として存在していることに、かつて疑義が投げかけられたことはない。

最近の文教政策が、戦後教育の原点を切り崩すことによって教師を体制内に組みこんできたことは明らかである。公害について発言し、行動しようとした教師たちが、いかに校長や教育委員会をおそれたか。そのときの管理者といえば校長や教育長、そして昨日まで机をならべていた主事たちであったが、彼らは、一〇年もしくは二〇年前には、戦後教育の原点に、もっとも忠実であろうとした教師であった。「反動教育」とたたかった組台の活動家ですらあった。しかし教師が、いまの世にあって公害にきわめて寛容であるのは、「反動的文教政策」のためばかりではない。近代的で知的で巨大な組織に守られた労働者と同じように、高度資本主義経済社会の中で漂民化してしまったからである。

わたしの地方で、最初に公害を告発したのは農民と漁民であった。彼らは自然の異変に鋭敏である。それについての感性と識別の能力を欠いていたとするなら、農耕も狩猟もなり立たないからである。すでに昭和一〇年代、弗素ガスの公害は、みかんづくりの農民によって告発された。田子の浦の破壊者を最初に見きわめたのは沿岸の漁民であった。自然のなかにいつも生死をかけている土着土民の生産者たちは、自然を死守すべきものとしてとらえていた。その告発と抗議の仕方はどろくさかった。この町の誇り高い「市政解説者」や、職業的革新政治家にいわせると、階級意識もなく、地域エゴに過ぎないとしてはなはだしくさげすまれるほどどろくさいものであった。しばしば挫折さえした。挫折にとどまらず、滅ぼされもした。今日の開発の権力と、文明の思想をもってするならひとにぎりの土民を滅ぼすことは容易であろう。しかし、かりにささやかな寸土であり、汚染の海であったとしても、そこを措いていのちを支えるものがないとするならば、生と死のはざまに身をおき死守するたたかいを避けることはできない。漂民には、その意味でのたたかいはなかった。それゆえに、たてまえとしてかかげる「原則」は、自ら捨てようと奪われようと未練も執着も残らない。

昭和四六年秋、富士市では、納税者であり被害者である住民の負担によって、加害者百十九工場の共同処理場を建設しようとした。加害者負担の原則をつらぬくことで、住民運動の同調者になり得た「革新」は、このとき「地場産業は育てなくてはならない」という論理の転換で、この原則を破棄した。土民たちの抵抗がなかったら、世にも不思議な公害防止施設が建設されたことになる。

本書は、富士公害にかかわってきたわたしの覚書である。「蛙声通信」は、蛙のごとき無権力の土民の声を代弁しようと思い立って、気ままに書きつづけたわたしの個人通信である。GNPが反省されたからといって、公害がなくなるなどとは考えられない。土民を虫けら同然に扱う御政道がつづくかぎり、公害はかたちを変えて現れてくる。わたしは「見るべきほどのことは見つ」と言い得るために、この覚書をさらに書きつづけることになるだろう。多くの友人と、「わが土民」たちのはげましによって本書は成った。大和書房の小川哲生さんに厚く感謝する。

昭和四七年六月二四日

田子の浦水域に全国一律水準規制のかかる日に

甲田寿彦

初稿発表覚え書

I―ヘドロの海

独占へ挑戦した部落風土　「朝日ジャーナル」1968年5月14日号
踏　絵　の　春　1969年3月13日〈未発表〉
議　場　乱　入　「朝日ジャーナル」1969年5月11日号
痴漢の論理　「法律時報」1969年9月号
「革新」誕生　「住民運動についての提案」〈パンフ〉1970年2月18日
一九七〇年夏　「別冊経済評論」1970年冬季号
住民運動は〝憲法〟を恨む　「朝日ジャーナル」1971年5月17日号
羊頭狗肉の秋　「エコノミスト」1971年11月9日号
駿河湾魚幻記　「エコノミスト臨時増刊」1972年4月27日号

II―蛙声通信

赤　い　海　「蛙声通信」1969年9月1日号
公害と医師についての素朴な疑問　「蛙声通信」1969年10月20日号
駿河湾糞尿譚　「蛙声通信」1969年12月20日号
君，「がまんしろ」というなかれ　「蛙声通信」1970年2月20日号
身ノ皮ヲ剝ガレテモ　「蛙声通信」1970年4月20日号
駿河湾叛乱す　「蛙声通信」1970年8月31日号，「アサヒグラフ」1970年9月4日号
子　蛙　斉　鳴　「蛙声通信」1970年9月20日号
鉢巻きと冠　「エコノミスト」1970年12月22日号
ヘドロ不始末記　「蛙声通信」1971年1月20日号・2月20日号・3月20日号
駿河湾を囲みこんだ「万里の長城」「アサヒグラフ」1972年5月19日号

III―土民士語

このしたたかな笑い　「朝日ジャーナル」1970年2月1日号
忍草の女たち　「婦人公論」1971年4月号
裁きは終らない　「北日本新聞」1971年7月22日・7月31日
病める爐灘のほとりにて　「アサヒグラフ」1971年11月11日号
工場閉鎖の損益勘定といごっそうの住民運動　「アサヒグラフ」1972年6月23日号

〈本書収録にあたり一部題名の変更あり〉

空と海

甲田　喜代

朝起きて先ずは空を見る。煙を見る。風向きに依って窓の開閉をする。くさい臭いが鼻をつく、こうして一日が始まる。当時の私の日課であった。

海を見れば、打ち寄せる波はまるで怒ったように、赤茶色にテトラポットを吹き上げる。

今まで私達に豊かなくらしを保障してきた清らかな水、その水によって生活が侵されるとは、何という業であろうか。

一九七〇年代の製紙工場の公害は止めようもなく広がり、夫寿彦は地域住民の先頭に立ち、一九七〇年八月九日午後一時、ヘドロ港田子の浦で集会を開いた。

参加者四三〇〇人、富士川火力建設反対駿河湾市民連合の大集会であった。

教職にあった私は、幸い日曜日であったので、参加する事ができた。また署名運動について職場や近隣の方々に協力していただいた。

教育委員会は、こうした動きには極めて敏感に反応し、私の身辺に目を光らせていた。

ある日突然のこと、見知らぬ背広姿の二人の方が、私の教室を訪れて授業参観をして行かれた。教委の方だと後で知ったが、夫の公害活動は私の身辺にまで及んでいたのである。

四月になると、年度の変わりで教組でも役員の改選がある。お互いに関心が無く、引き受ける人はいない。皆押し黙る中で、仕方なく私が、その大任を背負うことになった。

時の学校長は何も申されなかったが、教頭は冷たい目を光らせていた。家に帰ると、

「喜代さん、止めさせなさい。この会社で生活をしてごはんを食べているんだから、寿彦の考えているようなわけにはいかないよ。止めさせなさい、はっきりと言いなさい」。

百三歳で天寿を全うされた姑様のきついお達しである。

「おかあさん、いい事なんですよ。私も応援しているんです」

と、この時ばかりは、姑様に逆らって憚らなかった。

こうして私は、教委からはマークされ、職場では、引き受けてのない分会長の役を、家にあっては、姑様との折り合いに、まことに多事多難の三重苦であった。

今にして思えば、大きな夫の仕事によくぞ耐えてきたと感慨も新たである。

若さという事であったか、いやそうではない。彼のしている仕事が何の利得もない無償の行為、人間としていかに生きるべきか、最低限の水と空気を侵されてたまるかという、生きる根っこの問題であったからである。

＊　＊　＊

きょうはよく晴れて少し暖かいので、久々に海へ出ました。防潮堤を下りればすぐ海です。あなたが心配していた海岸の侵食はもはや止めようもなく進んでいて、テトラポットばかりになりました。

老人と若者が、ひねもす語り合っていた、あのなごなごとした田子の浦は、どこへ行ってしまったので

しょう！

広い砂浜。よく拾ったきれいな玉石。紫色の浜えんどうの花も、もう見られなくなりました。その傍らでゆっくりと、恋を語り合う若者の姿も見ることはありません。

きょうは空も海も青く澄んできれいでした。私は思い切りわだつみに向かって、寿彦さん！　ありがとう！

潮騒が返りました。

合掌

二〇〇五年六月

『わが存在の底点から』再読

芦川照江（小川アンナ）

今、この本を読み返してみる時、一九六〇年代後半より七〇年代における富士公害反対運動をたたかった私達が、甲田寿彦氏を旗手として持ち得たことに深い感慨を覚える。

ここには如何にして甲田寿彦というたたかい手が生まれざるを得なかったかという過酷な環境が詳細に書かれている。

かつて歴史と風光に恵まれた富士南麓の田子の浦地区がどんなに美しい郷土であったか、氏自身の少年時代の回想をからめて生き生きと描かれている。同じ地域の学童仲間であった大昭和製紙会社社長のことも深い松原や海の思い出と共に語られている。やがて企業の成長と共に被害が現れ、小さな争いが、抵抗の歴史が、忘れ難い口惜しさと共に記録されてゆく。甲田氏をふくめた地域の人々の想いが次第に呪詛となり告発となってゆく様に共感させられる。

これらのレポートは、時日、場所、出来事と人物との正確な事実をあやまたず克明に記録するという氏の周到な用意の上に更に文筆の才能をいかんなく発揮して綴られ、ドキュメンタリーとして大手の週刊誌や月刊誌に、ほとんどリアルタイムに発表されていった。

ここに一巻になったものを読む時、当時の富士市の反公害運動はこの一書によって足りるとさえ思われる。富士公害事情のテキストとして一級のものであると言えよう。

富士市の反公害運動に先立って地続きの沼津、三島、清水町という地域に石油コンビナート問題が起こり、これらの地域の全力をあげた運動によって撤回させたが、当時この二万五千人の結集さえほんの数行しか新聞に報じられなかった。それに比べればなんという華やかな登場であろう。

富士公害反対の運動が、氏のレポートから生じる世論を強力な表の戦力としつつ、東駿河湾地区の様々な運動体が協力して進められていった。その中心勢力となった富士市民協について書いてみよう。

沼津、三島が長い都市形態をとってきた歴史の中で、いわゆる「市民」なるものが生まれていた事から比べる時、富士川下流の一大デルタであった富士市が治水が完成して加島五千石といわれる美田地帯となったのはほんの近世の事にすぎない。世の近代化が始まり、天与の豊富な湧水を驚喜して使い果たしながら、ほとんど全市民が紙の城下町の人間として疑いも持たず今に至ってしまった。耐えがたい悪臭と毒ガスの街、ヘドロの海という状況になってしまったがほとんどの市民は企業につながりがあり自分達のボスに背くことなど考えられないことだった。唯一労働組合の人々の中に戦後の階級闘争の教育に鍛えられた人々がいて、労働組合員として運動に参加しようという形になった。

富士市民協の会長になった甲田氏が、わが運動体の現状を思う時、かなりの孤絶した心境の中で、先ず自分一人でも出来るマスコミによる世論への訴えを覚悟されたのであろう。今となってはよく理解出来る戦法であった。しかし周辺の運動体との共闘で思わぬ展開もあって氏のレポートは成功した。周辺の運動体はそれぞれの成り立ちの事情の中でいわゆる「夜討ち朝がけ」の修羅場、甲田旗手の振る采配のままにとにもかくにも進んでいった。レポートされる公害の現場があまりに無惨な状況だったので世論も高く、行政や警察との思わぬ対峙や闘争を続けつつも大きく進んでいった。東駿河湾市民連合という広域の連帯も出来、「ヘドロ裁判」といわれている住民訴訟も起こした。ついには革新市長も獲得した。

しかし運動は思いがけぬ所からほころび始めた。革新市長渡辺彦太郎氏の変身である。市長になってみれば企業側の圧力や行政の圧力をかわすことのむずかしさから、せめて「中小企業育成のため」という名目をつけてころぶ以外には方法がなかったのであろう。生命をかけて守るべき一戦を試みもせず放棄したともいえよう。詳述しよう。

市長は、市民の予想に反し、企業の汚水処理問題では県、企業側の進めようとする共同処理案を支持し、傍聴に出かけた市民と対立した。そしてついには、「私は一部市民の為だけでなく、十七万市民の為の政治を行う」と宣言した。唖然としたのは市民である。その上、今や与党となった社会党、共産党の議院達が市長の立場を擁護しようとして右往左往し、市民側とは対立してしまった。折角獲得した「革新市長」を守ろうとしたことが却って企業の町の労働組合の弱さを露呈する羽目になり、また権力を守ろうとする、反公害とは対立する体質に変質してしまった姿をさらすことになった。

事の顛末は氏のレポート「羊頭狗肉の秋」に委しいが、この日のつまづきこそ富士市民協の体質のすべてを象徴していた。推測にすぎないが、市民協幹部の人々には、日頃マスコミ対応を重視して殆ど独走をつづける会長甲田氏に対して馬の足であり胎であった人々は、選挙戦でわれらが陣営から新市長をかち得た時、これこそわれらのボスと思ったのかもしれない。

甲田氏は市民運動を見限った。やっぱり自分一人でやるより他にないと心に決したかもしれない。

田子の浦の潮を浴びて育った甲田氏は血が呼ぶのだろう。由比港漁協の誰彼とも親しく、本書においてもその交歓の様子を鮮明に描いている。花ある文章で氏生来の面目にあふれている。運動について話し合うというよりさくらえび漁に賑わう波の上の様子や、漁師の誰彼の人柄、その精神のありようを描いている

運動の上でも、陸では機動隊のあふれている現場とか深夜議会への駆けつけとか色々な場合私たちを助けてくれた。わたしも船頭がしらの伊之助さんと一本の牛乳を飲み分けたこともある。度々の集会では海上デモで晴れの日を飾ってくれた。しかし第二回目以来「田子の浦ヘドロ裁判」には姿を見せず、私たちに接触しなかった。ある意味では市民協構成の主力の労働組合の人々とは生活の次元の異った人々である。この国の構造にはまだまだ不自由な掟のようなものがある。甲田氏も、仲間の市民協の人々さえも急に遠く感じられる時があると書いている。私もまた市民協の会議のかたくるしさをそういうものだとがまんしていたがそんな時「水守る会」などという農民の青年がおくれてきて場違いの大きな声で挨拶したりするのに眼を向けると一瞬に通じ合う親しさがあって、それだけで今夜来た甲斐があると思ったものだった。

甲田氏はよく勉強されていた。当時は静岡県立図書館勤務であったが高まる世論の中、大きな理解が氏の運動を許して下さっていた。

各地の運動を尋ねて立派なレポートがだされているが、氏の求めているものはご自身と同じく困難の中で熱く正義に向かってたぎる人間像に接することで大きく癒されていたのに違いない。しかし私達、氏をわが旗手と仰ぐ者達はめったに氏の肉声をきくことはなかった。常には寡黙な氏であった。

私は氏が市民協を辞されたと聞くばかりで、その後お目にかかっていない。実は私達はいわゆる「ヘドロ裁判」といわれている住民訴訟を運動の盛り上がりの中で起こしていた。昭和四五年（一九七〇年）一一月六日氏を団長として二一人の原告が静岡地裁に集った。ところが前述のように市民協を中心とした人々の力で当選した市長渡辺氏の変身という事態となり、甲田氏は二回目の審議は無論、和解に至る経過の間、法廷にあらわれなかった。いや一度だけ氏をみかけた。ある時、東京高裁での事であったが私達が法廷を出て階下にくるとそこにはマイクとカメラをもったマスコミの記者たちがぎっしり詰めていて、今演説が終わったばかりらしいシャツの腕をまくった人物、見れば甲田氏だった。私達はぼうぜんと立ち止まったが、ドアの所にいる私達に気付いた人は一人もなかった。

長い年月不審の思いのままますぎたが、この度一つの資料に出会った。雑誌『環境と公害』〈一九七八年一月第七巻第三号〉「田子の浦ヘドロ住民訴訟」という名題の座談会で、司会は宮本憲一先生、法学者の淡路剛久先生、四日市公害を闘われた田尻宗昭氏、永井進氏、田子の浦ヘドロ住民訴訟原告団として甲田寿彦氏とあった。

「えっ」と思って読む。かなり長時間の座談会で、ヘドロ裁判なるものの全貌が委しく語られ、わが甲田氏も原告団団長もこの長かった裁判のことごとくを知悉している談話である。

思えば氏は有象無象の私達をすて、徹底した一人の闘いをはじめ、（弁護士さんとマスコミのみと密接につきあっておられたのだろうか）この裁判闘争を貫かれたのであろう。
ただ長い年月の審議に通いつめただけの市民協幹部と富士川町の私とのこっけいな姿が泣き笑いと共に思い返されるのである。

富士火力発電所は、富士市の既存公害特に田子の浦問題の陰に隠れてうやむやのまま、ついに建設されなかった。

公害問題も現代の魔物である。それに対応する私達は、四苦八苦しながらあらゆる自分の身についた俗世の序列もセクトも棄て、ただの生物として対応する他はない。住民運動もその対応の形態はさまざまに変化しながら戦っていく。様々なつまづきと過誤、それらを繕い繕い育てるのも一つの方法、決然とわが道を行った甲田氏の運動にも強烈な個性があった。

氏は氏の愛した田子の浦地区今井の富士に真向かう松林の中に眠っておられる。

二〇〇五年六月

本書は1972年7月大和書房から刊行された『わが存在の底点から　富士公害と私』の復刻版です。復刻に際し新たに甲田喜代さんによる「空と海」、と芦川照江さんによる「『わが存在の底点から』再読」を増補しました。

わが存在の底点から
富士公害と私

2005年11月15日　第1刷発行

著　者

甲田寿彦

発行人

酒井武史

発行所　株式会社　創土社
〒165-0031 東京都中野区上鷺宮5-18-3
電話 03-3970-2669　FAX 03-3825-8714
http://www.soudosha.com
カバーデザイン　茜堂（宮崎研治）
印刷　株式会社シナノ
ISBN4-7893-0042-0 C0036
定価はカバーに印刷してあります。